AF368572

LE
CABINET
DU JEUNE

Naturaliste.

Metz. — Imprimerie d'E HADAMARD.

LE CABINET
DU JEUNE
NATURALISTE,

OU

TABLEAUX INTÉRESSANS

DE L'HISTOIRE DES ANIMAUX;

OFFRANT LA DESCRIPTION

De la nature, des mœurs et habitudes des Quadrupèdes, Oiseaux, Poissons, Amphibies, Reptiles, etc., les plus remarquables du monde connu, et classés dans un ordre systématique :

Ouvrage enrichi de soixante-cinq belles gravures;

TRADUIT DE L'ANGLAIS,

DE M. Thomas SMITH.

QUATRIÈME ÉDITION,

Revue, corrigée, et augmentée d'un grand nombre d'anecdotes inédites et des plus curieuses,

PAR A. ANTOINE (DE Saint-Gervais),

AUTEUR DES ANIMAUX CÉLÈBRES.

———

TOME SECOND.

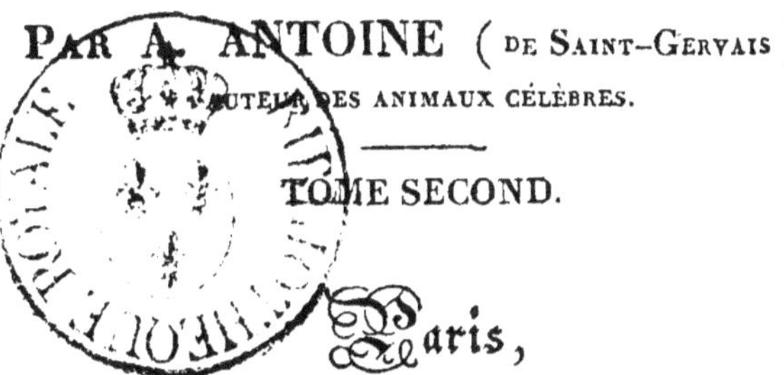

Paris,

A LA LIBRAIRIE POUR LA JEUNESSE,

DE **F. BELLAVOINE**, Libraire-Éditeur,

Quai des Augustins, n°. 37.

1830.

comme citoyen, le comte Greiner

LE CABINET

DU

JEUNE NATURALISTE.

CHAPITRE I.

LE RENNE.

La hauteur de ce quadrupède est en général de quatre pieds. La couleur de son poil est, sur le corps, d'un brun foncé, et sur le cou, d'un brun mélangé de blanc ; mais à mesure que l'animal prend de l'âge, il devient d'une teinte grisâtre. L'espace qui sépare les yeux est toujours noir ; une grosse touffe de poil pend à sa poitrine, près de la gorge ; ses sabots sont très-longs, fort larges, et très-profondément fendus : la partie interne de ce sabot est couverte de poil. Les deux sexes de cette variété de quadrupèdes ont des cornes ; mais celles du mâle sont beaucoup plus grandes : elles sont longues, grêles, branchues, et munies d'an-

T. 2.

1

douillers. Il est bon de remarquer que la même cause qui force les Lapons à chausser des raquettes rend la longueur des sabots du renne très-commode pour ce quadrupède, en ce qu'elle lui permet de marcher sur la neige, et l'empêche de s'y enfoncer trop profondément.

Cet animal a en conséquence l'instinct d'employer ces mêmes sabots d'une manière encore très-avantageuse, en les séparant pour qu'ils occupent une plus grande surface, lorsque son pied doit poser à terre. Dès l'instant qu'il lève la jambe, la largeur de ce pied lui devenant incommode, il contracte immédiatement son sabot, et la collision des parties occasionne un craquement, un bruit de castagnettes qui se fait entendre à tous les mouvemens de l'animal.

Pontoppiddam, évêque de Bergen en Norwège, nous apprend que le renne a par dessus ses paupières une espèce de membrane qui lui permet de voir les objets, et sans laquelle il serait obligé de fermer entièrement les yeux quand il tombe de la neige à gros flocons.

Ce quadrupède remplace, chez les habitans de la Laponie, le cheval, la vache, la chèvre, et la brebis : on peut dire qu'il constitue leur seule et véritable richesse. Son lait leur procure du fromage, sa chair une nourriture plus substantielle, sa peau des vêtemens, ses nerfs et tendons des cordes pour leurs arcs, et du fil; ses cornes de la glu, et ses os des cuillers. L'hiver, le renne leur tient lieu de cheval, en ce qu'ils l'attèlent à des traîneaux qu'il tire sur les rivières, sur les lacs glacés et sur la neige, avec une vélocité étonnante.

Aussi le poëte Thompson a-t-il fait observer dans des vers pleins d'élégance que : « Le renne » forme toute leur richesse. Il leur procure des » vêtemens, des tentes, des lits, et toute l'aisance » dont ils jouissent dans leurs ménages ; il leur » fournit une nourriture salubre et une boisson » délectable. Soumis à la voix du Lapon, ce » docile animal prête son cou au traîneau, et » l'emporte avec la rapidité de l'éclair dans les » vallées et sur les montagnes, confondues en » une immense surface d'albâtre que l'œil embrasse » avec peine, et qui est couverte à perte de vue » d'une glace azurée. »

Ces animaux marchent en bandes, et l'on en rencontre quelquefois des troupeaux. Dans l'automne, ils cherchent les montagnes les plus élevées pour se soustraire aux piqûres d'un insecte nommé le taon de la Laponie, qui, à cette époque, dépose ses œufs entre les tégumens de leur peau, et leur donne assez souvent la mort. Du moment où l'une de ces mouches se fait voir, tous les rennes agitent leur tête, brandissent leurs cornes, et vont chercher un asile dans les neiges des monts les plus escarpés. Ils ont encore d'autres ennemis, parmi lesquels on compte les ours et les loups ; mais souvent ils se défendent avec avantage contre ces animaux, et parviennent même à les écarter loin d'eux. L'été, ils se nourrissent d'une infinité de plantes ; mais l'hiver ils broutent un végétal appelé *hépatique des rennes*, qu'ils déterrent adroitement de dessous la neige avec leurs pieds et leurs andouillers. Il est encore une autre espèce de lichen qui se trouve sur le tronc des pins en Laponie, et qui leur procure de quoi subsister lorsque la neige est trop épaisse pour leur permettre d'atteindre à l'hépatique.

Les rennes jettent leurs bois tous les ans ; les rudimens des nouvelles cornes sont d'abord couverts d'une espèce de membrane laineuse aussi douce que le velours. Crantz nous assure qu'ils changent de poil au printemps, saison pendant laquelle ils sont très-maigres et propres à fort peu d'usages. La femelle porte huit mois, et donne ordinairement deux petits à la fois, qu'elle allaite et qu'elle soigne avec une tendresse vraiment maternelle : ils la suivent pendant l'espace de deux ou trois ans ; mais ils n'acquièrent complétement leur force qu'au bout de quatre ans : à cet âge ou les forme au travail, et on ne s'en sert que pendant l'espace de quatre ou cinq ans. L'on prétend qu'ils traversent à la nage, les rivières les plus larges, avec tant de rapidité qu'un bateau muni de rames peut à peine les suivre.

Les rennes étaient jadis inconnus dans la Zélande; mais treize couples de ces animaux y furent envoyés de la Norwège, en 1770, par les ordres du gouverneur Thodal. Dix de ces treize couples moururent avant d'arriver à leur destination : mais les trois derniers ont très-bien profité, et ont donné plusieurs faons.

Il est une espèce de ces quadrupèdes qui tient le milieu entre le renne mâle et le daim privé : cet animal est appelé par les Lapons *kaffaigiar*. Il leur est très-utile dans leurs voyages, en ce qu'il est beaucoup plus fort et plus grand que le renne privé. Le kaffaigiar néanmoins conserve beaucoup de son naturel sauvage; et non-seulement il refuse d'obéir à son maître, mais il devient rétif et frappe de ses pieds avec tant de violence, que celui-ci n'a d'autre ressource que de se couvrir de son traîneau, sur lequel l'animal furieux épuise toute sa rage : les rennes privés, au contraire, sont toujours très-dociles et très-soumis.

Il est généralement reconnu qu'un Lapon, avec

une paire de rennes attelés à son traîneau, peut parcourir cent milles en un jour; et les habitans de la Laponie assurent eux-mêmes que, dans l'espace de vingt-quatre heures, ils peuvent changer trois fois d'horizon, ou, en d'autres termes, qu'à compter de leur point de départ, ils peuvent passer successivement trois objets divers qu'ils ont alternativement aperçus à la plus grande distance que leur vue puisse atteindre. Le traîneau du Lapon est extrêmement léger, et a en quelque sorte la forme d'un bateau, muni d'un dossier contre lequel s'appuie celui qui le monte; son fond est convexe; et pour l'empêcher de chavirer, le guide est obligé de le maintenir dans un parfait équilibre avec son corps et avec ses mains : le Lapon néanmoins s'acquitte de cette tâche avec beaucoup de dextérité; aidé de son bâton, dont le bout est aplati, il éloigne facilement les pierres et les obstacles qu'il rencontre sur son chemin. A la flèche de ce traîneau est une espèce de collier, auquel on attache le renne; le mors consiste dans un morceau de cuir fixé par ses extrémités aux rênes de la bride, par-dessus la tête et le cou de l'animal; une lanière de cuir passe sous son ventre, et vient s'attacher à la partie antérieure du traîneau. Cette espèce de plate-longe tient lieu de train. La personne qui conduit le renne l'excite avec un aiguillon, et l'en-

courage pour l'ordinaire en chantant des airs éro-
tiques, pour lesquels les Lapons se sont rendus si
justement célèbres.

Les Samoyèdes font souvent des parties de
chasse pour tuer ces utiles animaux ; et lorsqu'ils
en aperçoivent un troupeau, ils placent contre le
vent, dans une plaine ou prairie, les rennes privés
qu'ils ont amenés avec eux. Depuis cet endroit
jusqu'à la distance à laquelle ils peuvent s'avancer
sans crainte, ils plantent dans la neige, à de
certains intervalles, de longs bâtons, à chaque
extrémité desquels est attachée une aile d'oie qui
flotte au gré du vent. Cela fait, ils enfoncent pareillement dans la neige, sous le vent, de semblables bâtons munis d'ailes comme les premiers,
pendant que les rennes, qui ne s'occupent que de
chercher leur nourriture, ne voient rien de ces
préparatifs. Après ces dispositions, les chasseurs
se séparent ; quelques-uns se cachent derrière ces
retranchemens ailés, tandis que d'autres, placés
à une distance plus éloignée forcent, par une
marche circulaire, le gibier à passer devant ces
effrayantes envergures. Intimidés par un spectacle
aussi extraordinaire, les rennes sauvages accourent aussitôt vers les rennes privés qui sont à côté
de leurs traîneaux ; mais ils sont épouvantés par
les chasseurs en embuscade, qui les forcent d'aller du

côté de leurs camarades : ceux-ci, munis de différentes armes, font un cruel ravage dans le troupeau.

Si ces chasseurs aperçoivent des rennes sauvages qui passent près d'une montagne, ils suspendent leurs habits à des pieux, et forment, avec les envergures dont nous venons de parler, un grand passage qui conduit à cette montagne, et dont leurs femmes vont fermer l'extrémité avec leurs traîneaux : de cette manière, les rennes, qui se trouvent enfermés, grimpent aussitôt sur les hauteurs, et éprouvent à chaque détour une décharge de mousquet de la part de leurs ennemis.

En automne, qui est la saison de l'amour pour ces quadrupèdes, les chasseurs font choix d'un vigoureux renne privé, aux andouillers duquel ils attachent des nœuds coulans, et le lâchent ainsi au milieu du troupeau de rennes sauvages : aussitôt l'un de ces quadrupèdes, en voyant un rival étranger, s'élance sur lui dans le dessein de le punir de sa témérité; mais, dans le combat, ses andouillers s'embarrassent à un tel point dans les nœuds coulans, que lorsqu'il aperçoit le chasseur, et veut s'échapper, le renne privé frappe de la tête contre terre, et y cloue son antagoniste jusqu'à ce que le chasseur vienne le tuer.

Les rennes se trouvent dans le Groënland et dans le Spitzberg; ils sont aussi très-communs dans les parties septentrionales de l'Asie qui s'étendent jusqu'au Kamtschatka, ou quelques-uns des riches naturels du pays en possèdent des troupeaux de cinq à dix mille.

En 1786, cinq rennes furent amenés en Angleterre, et mis dans le parc d'un particulier de Northumberland; ils s'accouplèrent, et donnèrent des faons : mais malheureusement quelques-uns de ces animaux furent tués par des braconniers, et le reste mourut d'une maladie semblable à celle que l'on nomme la pourriture dans les moutons, et qui parut provenir de la trop grande richesse de leur pâturage.

LE CERF.

CET animal est le plus beau de l'espèce des ruminans. L'élégance de ses formes, la flexibilité de ses membres, et la grandeur de sa ramure, lui donnent une supériorité marquée sur tous les autres habitans des forêts.

La couleur du cerf en Angleterre est en général rouge; mais dans la plupart des autres pays, elle est d'un brun tirant sur le fauve. Ce quadrupède a l'œil d'une beauté remarquable et plein de feu, l'ouïe très-fine, et l'organe de l'odorat exquis; sa voix devient plus sonore à mesure qu'il prend de l'âge.

La tête du mâle seulement est armée de bois qui tombent vers la fin de février ou au commencement de mars : pendant les premières années, on n'aperçoit sur celle des jeunes cerfs qu'une petite protubérance couverte d'une peau mince et velue ; la seconde année, leurs cornes sont droites et isolées ; l'année suivante elles produisent deux branches ou andouillers, et il en pousse une nouvelle tous les ans, jusqu'à ce qu'ils en aient six ; ces animaux alors peuvent être regardés comme parvenus à leur dernier degré de croissance. Lorsque le cerf met bas sa tête, il s'enfonce dans les endroits les plus retirés, et ne mange que la nuit ; sans quoi les mouches s'attacheraient à la peau tendre ou à la tumeur qui occupe la place du bois, et causeraient à l'animal un tourment continuel : cette tumeur grossit de jour en jour jusqu'à ce qu'il pousse à chacun de ses côtés un andouiller, qui, ayant acquis de la force ; prend le nom de dague. Le cerf fait tomber la peau velue qui le couvre en se frottant contre les arbres.

Ces animaux marchent par troupes, et pâturent en troupeaux de plusieurs femelles avec leurs petits, à la tête desquels est un mâle ; ils aiment tant à se repaître en bandes, que le danger seul peut les obliger à se séparer. On a souvent parlé, on a raconté des exemples extraordinaires de l'ex-

trême longévité du cerf ; mais des observations ré-
centes ont rendu probable que ce quadrupède
ne vit guère plus de cinquante ans.

La biche produit rarement plus d'un petit à la
fois , et elle met bas vers la fin de mai ou au
premier de juin. Elle est obligée de prendre les
plus grandes précautions pour cacher sa progéniture , parce que l'aigle , le faucon , l'orfraie ,
le loup , le chien , et toute la série de l'espèce
féline , sont continuellement occupés à chercher
sa retraite ; le cerf lui-même est l'ennemi de ses
nourrissons , et sa femelle prend autant de soin
de les dérober à sa connaissance qu'à celle de
ses plus dangereux ennemis : elle se montre , à
cette époque , douée d'un courage extraordinaire ;
elle emploie la force pour défendre ses petits contre ses adversaires les moins formidables ; et lorsqu'ils sont poursuivis par les chasseurs , elle a recours à la ruse pour les détourner de l'objet principal de sa tendresse , et leur fait prendre le
change. On a vu des exemples de biches qui se
sont fait chasser devant une meute de chiens pendant des heures entières , et sont ensuite revenues
vers leurs faons après leur avoir sauvé la vie au
péril de la leur.

La chair du cerf est assez bonne à manger ; sa
peau est employée à différens usages. Son bois ,

quand il est parvenu à sa maturité, est solide, et sert à faire des manches de couteaux. C'est de cette substance qu'on obtient le sel volatile de corne de cerf ou le carbonate ammoniacal.

Le cerf, en mettant le pied sur un terrain qui lui est inconnu, ou en quittant ses forêts natales, se tient à la lisière de la plaine pour examiner tout ce qui l'environne; il se tourne ensuite contre le vent, pour s'assurer par le flair s'il est loin de tout ennemi. Si quelqu'un vient à siffler ou à appeler au loin, ce quadrupède s'arrête tout court, et considère l'étranger avec une sorte d'admiration stupide; et s'il n'aperçoit ni chiens ni armes à feu, il s'avance à pas lents et affectant un air d'indifférence. L'homme n'est pas l'adversaire dont il a le plus de peur; il semble, au contraire, aimer beaucoup entendre le flageolet du berger, dont on se sert quelquefois pour le séduire et causer sa destruction.

On prétend que les cerfs, en traversant une rivière, posent leur tête, les uns sur la croupe des autres; que quand le chef de file est fatigué, il passe à la queue du troupeau, et que celui qui se trouvait après lui prend sa place. Ils nagent avec beaucoup de facilité; et Pontoppidam assure qu'on a vu quelquefois des mâles traverser un bras de mer pour chercher des biches, et aller d'une île à l'autre, quoiqu'elles fussent éloignées de quelques lieues.

Le cerf est très-délicat dans le choix de sa nourriture, qui se compose principalement d'herbes, de jeunes branches ou de boutons de différens arbres. Il semble cependant ruminer avec beaucoup plus de difficulté que la brebis ; car l'herbe remonte avec beaucoup de peine à son premier estomac, et ce n'est pas sans une espèce de hoquet qui dure tant que la rumination a lieu : ce hoquet semble provenir de ce qu'il a le cou très-long, et l'œsophage fort étroit. Les animaux de l'espèce du bœuf et de la brebis ont en effet ce dernier beaucoup plus large.

Les naturels de la Louisiane chassent ces animaux pour leur nourriture et pour leur amusement. Quelquefois ils sont seuls à sa poursuite, et quelquefois en grande compagnie. Le chasseur qui ne prend personne avec lui se munit d'un fusil, d'une branche d'arbre, et d'un bois de cerf desséché, auquel tient une partie de la peau de ce quadrupède : lorsqu'il aperçoit l'objet de ses recherches, il se cache derrière l'espèce de buisson qu'il porte à sa main, et approche doucement de sa victime jusqu'à ce qu'il en soit à une portée de mousquet. Si l'animal paraît prendre l'alarme, il contrefait les voix de cerfs qui s'appellent les uns les autres, et lève sa tête branchue un peu au-dessus du buisson ; puis la baissant tout-à-coup et la relevant ensuite, il induit si complètement en erreur le cerf par l'apparence d'un compagnon, que cet animal manque rarement de s'approcher de lui, et qu'alors il devient une proie très-facile.

Lorsque les chasseurs se réunissent en troupes, ils forment autour de ce quadrupède une espèce de demi-cercle très-étendu dont les rayons sont éloignés les uns des autres d'un demi-mille. Quelques-uns d'entre ces chasseurs, qui pénètrent dans l'intérieur de cette espèce de croissant, avancent vers le cerf qui se porte à son extrémité ; mais voyant qu'ils s'approchent de lui, il revient aussitôt sur ses pas : de cette manière, il se trouve pressé de tous les côtés par les chasseurs qui s'approchent par degrés, et forment un cercle parfait. L'animal alors excédé de fatigue et hors d'état de leur résister, se laisse prendre vivant : il arrive quelquefois néanmoins qu'il lui reste assez de force pour faire résistance ; alors on l'attaque par derrière ; mais on a souvent vu, dans ce cas, des personnes blessées. Dupratz fait l'observation que cette espèce de chasse ne sert que d'amusement, et qu'on l'appelle *danse du cerf*.

On a raconté des anecdotes étonnantes de l'instinct courageux de cet animal ; en voici une extraite de l'ouvrage intitulé : *Le Cabinet du Chasseur.*

Le duc de Cumberland, dans le dessein de connaître le vrai courage du cerf exposé à la fureur d'un ennemi de l'espèce la plus terrible et la plus formidable, d'un tigre, enfin, fit prendre un des cerfs les plus robustes de la forêt de Windsor, et on l'enferma dans une espèce d'arène établie sur un terrain choisi, entouré de filets extrêmement solides, et haut de quinze pieds.

Cette expérience eut lieu dans la journée même des courses à cheval d'Ascot-Heath; de sorte qu'elle eut pour témoins des milliers de spectateurs. Déjà tous les préparatifs étaient faits, et le cerf commençait à se pavaner dans une majestueuse stupéfaction à l'aspect imprévu d'un concours de monde immense, placé derrière les filets. Tous les cœurs à ce moment terrible palpitaient de surprise, de crainte et d'attente. Un tigre, dressé à la chasse, et encapuchonné, fut introduit dans l'arène par deux nègres qui avaient soin de cette bête féroce, et qui, à un signal donné, lui découvrirent la tête et le mirent en liberté. Jamais peut-être un silence aussi profond ne régna parmi un aussi grand nombre de spectateurs, le moindre souffle se fût fait entendre.

Le tigre, après avoir jeté autour de lui un coup-d'œil général, aperçut le cerf; il se coucha à l'instant sur le ventre, et s'avança en rampant comme un chat prêt à se jeter sur une souris, épiant l'occasion de s'élancer avec avantage sur sa proie. Le cerf avec beaucoup de fermeté, de prudence et de sagacité, suivit de l'œil les mouvemens cauteleux de son adversaire, et fit autant de détours que lui; de sorte que ce terrible ennemi se trouva lui-même dangereusement exposé aux atteintes de ses formidables andouillers. C'est en vain que le tigre chercha à l'attaquer en flanc; le cerf ne se laissa pas surprendre. Ces animaux restèrent si long-temps sur la défensive que la lutte commença à fatiguer les spectateurs, et qu'elle fut sur le point de dépasser l'heure où la course des chevaux devait commencer. Son altesse royale demanda si, en irritant le tigre, il ne serait pas possible d'accélérer l'issue du combat; on lui répondit que toute provocation pourrait devenir dangereuse et entraîner de funestes conséquences : cependant l'ordre fut donné d'exciter l'animal; les gardiens, en conséquence, s'approchèrent de lui, et exécutèrent ce qui leur était commandé. Aussitôt le tigre, sans oser attaquer le cerf, fit un bond prodigieux, franchit le filet qui fermait l'enceinte, et s'échappa au milieu des clameurs et des cris d'une multitude effrayée : chacun se mit à fuir de tous les côtés, croyant qu'il allait être victime de la férocité de cette bête carnassière ; l'animal cependant, sans s'occuper de leurs craintes ni de leurs personnes, traversa le grand chemin, et se précipita dans la partie opposée de la forêt, où il sauta sur un daim, et l'immola à sa férocité.

On a admiré, à Paris, au cirque Franconi, un cerf appelé Coco, qui divertissait singulièrement les spectateurs par une foule de gentillesses auxquelles il avait été très-spirituellement dressé.

Nous en avons vu un dans l'auberge de M. Cartier, à Villers-Cotterets, qui est tellement familier qu'il vient dans la salle des voyageurs recevoir de leurs mains les friandises que l'on veut bien lui donner.

La ménagerie royale de Paris possède différentes espèces de cerf. On y remarque surtout le cerf de Virginie. Deux mâles et une femelle du grand cerf de Canada, qui est à peu près de la taille d'un cheval ; le cerf de la Louisiane, ainsi qu'un cerf du Bengale, qu'on croit être l'hippélaphe d'Aristote, et qui a été donné par M. de Montbron.

CHAPITRE II.

LE CHEVAL.

Le cheval, dans l'état de domesticité, se trouve dans toutes les parties du globe, à l'exception du cercle arctique ; et c'est la plus belle conquête que l'homme ait jamais faite : mais un célèbre écrivain a fait la remarque que, pour trouver ce noble animal dans son état naturel, il ne faut pas le chercher dans les pâturages où il a été confiné par l'homme, mais dans ces plaines immenses où il est né, où il n'éprouve aucune contrainte, et où il peut se livrer à tous les élans de la liberté.

Dans les déserts de l'Afrique et les pays isolés qui séparent la Tartarie des régions plus méridionales de cette partie du monde, on voit souvent ces quadrupèdes par troupeaux de cinq à six cents à la fois ; mais l'Arabie est la contrée où ils se trouvent dans le plus grand état de perfection : ils sont aussi chers aux Arabes que leurs propres enfans, et le commerce habituel résultant de ce qu'ils vivent sous la même tente avec leur maître et sa famille, fait naître dans ce quadrupède une familiarité qui ne pourrait avoir lieu d'aucune autre manière quelconque, et une douceur que les bons traitemens seuls peuvent produire. Ce sont les animaux du désert les plus légers à la course, et ils sont si bien dressés qu'ils s'arrêtent au milieu du plus rapide élan pour peu que le cavalier les tienne en bride. Totalement étrangers à l'éperon, le moindre chatouillement de la pointe du pied les fait partir subitement et courir d'une vitesse extrême. Ils sont si dociles qu'ils se laissent mener et conduire à la baguette.

Ces animaux constituent la principale richesse des Arabes, qui s'en servent pour la chasse et pour leurs expéditions spoliatrices.

« L'Arabe, sa femme et ses enfans, dit M. de
» Buffon, couchent tous pêle-mêle. On voit les
» petits enfans sur le corps et sur le cou de la
» jument et du poulain, sans que ces animaux les
» blessent ni les incommodent ; on dirait qu'ils
» n'osent se remuer, de peur de leur faire du mal.

« Tous les chevaux des Arabes sont d'une taille
» médiocre fort dégagée, et plutôt maigres que
» gras ; ils les pansent soir et matin fort régulière-
» ment, et avec tant de soin qu'ils ne leur laissent
» pas la moindre crasse sur le dos ; ils leur lavent
» les jambes, le crin, et la queue qu'ils laissent
» toute longue et qu'ils peignent rarement, pour

» ne pas en rompre le crin; ils ne leur donnent
» rien à manger de tout le jour, ils leur donnent
» seulement à boire deux ou trois fois, et au cou-
» cher du soleil ils leur passent autour de la tête
» un sac, dans lequel il y a environ un demi-bois-
» seau d'orge bien net. Ces chevaux ne mangent
» donc que pendant la nuit, et on ne leur ôte le
» sac que le lendemain matin, lorsqu'ils ont tout
» mangé.

» Les Arabes conservent la race de leurs che-
» vaux avec le plus grand soin; ils en connaissent
» la génération, les alliances, et toute la généalo-
» gie; ils distinguent les races par des noms diffé-
» rens, et ils en font trois classes : la première est
» celle des chevaux nobles de la race pure et
» ancienne des deux côtés; la seconde est celle des
» chevaux de la race ancienne, mais qui se sont
» mésalliés; et la troisième est celle des chevaux
» communs. »

Le célèbre voyageur Marco-Polo nous apprend
que peu de temps avant son arrivée à Badakchan,
dans l'empire du Mogol, la postérité de Bucéphale
y existait encore.

Les chevaux sauvages de l'Arabie, quoique très-
vifs et très-beaux, ne sont pas si gros que ceux
qu'on y élève : en général, la couleur de leur poil
est brune; ils ont la queue ainsi que la crinière

fort courte, et les crins noirs et touffus. Ces quadrupèdes sont doués d'une vitesse si prodigieuse, qu'il est impossible de les chasser de la même manière que les autres animaux avec des chiens, attendu qu'en un instant on les perd de vue, et que les chiens renoncent aussitôt à leur poursuite : on est par conséquent dans l'habitude de les prendre avec des piéges ou des trappes cachées dans le sable ; le chasseur les amène à la maison, et les réduit, par la faim et par la fatigue, à la docilité la plus soumise. La grande valeur des chevaux arabes a néanmoins appauvri les déserts, et, comparativement parlant, il n'en existe plus qu'un petit nombre dans ces contrées ; tout le reste est dompté.

Dans l'Ukraine et la Tartarie, où il se trouve beaucoup de chevaux sauvages, parce qu'il est impossible de les y atteindre, ils ne servent que de nourriture à l'homme. On expose souvent dans le marché, la chair de ces animaux vieux et jeunes. Les premiers passent pour avoir le goût du bœuf, et les jeunes sont plus blancs et plus tendres que le veau.

Les chevaux sauvages de l'Amérique méridionale sont d'origine espagnole et de race andalousienne ; ils y deviennent maintenant si nombreux, qu'on les voit quelquefois par troupeaux de dix mille : s'ils aperçoivent quelques chevaux privés,

ils accourent vers eux, les caressent, et les invi-
tent, par une espèce de hennissement grave et
prolongé, à se joindre à eux et à s'échapper. Il
arrive souvent que les voyageurs sont arrêtés sur
leur chemin par cette espèce de désertion : pour
parer à cet inconvénient, ils font halte aussitôt
qu'ils aperçoivent ces animaux sauvages, surveil-
lent leurs propres chevaux, et cherchent à effrayer
les autres. Dans ce cas, ces derniers ont recours
au stratagème que voici : ils détachent devant eux
une espèce d'avant-garde, et le reste avance en
colonnes serrées que rien ne peut ébranler ; et
s'ils prennent assez d'alarme pour être obligés de
se retirer, ils changent de direction sans se laisser
jamais disperser.

Lorsque les naturels du pays ont dessein d'amener
quelques-uns de ces quadrupèdes à l'état de domesticité, ils se réunissent en un certain nombre à
cheval; et quand ils peuvent approcher d'une troupe
de chevaux sauvages, ils jettent des cordes autour
des jambes de ces animaux, et les empêchent de
fuir. Ils sont bientôt apprivoisés ; mais il faut les
surveiller avec beaucoup de soin, de peur qu'ils
ne regagnent leurs compagnons sauvages.

Dans la Norwège, pays dont les chemins sont
impraticables pour les voitures, les chevaux ont
les pieds très-sûrs ; ils bondissent par-dessus les

pierres qu'ils rencontrent sur leur passage, et sont toujours très-fougueux. Pontoppidam nous apprend que, quand ils montent une colline escarpée ou qu'ils en descendent, ils commencent par s'assurer doucement avec leurs pieds si les pierres sur lesquelles ils marchent sont solidement fixées contre terre, et qu'il faut en cela s'en rapporter à leur instinct, sans quoi le meilleur cavalier courrait risque de se tuer : lorsqu'ils descendent une montagne ou une pente rapide, ce qui leur arrive fréquemment dans ce pays, ils ramènent leurs jambes de derrière sous leur ventre, et se laissent glisser jusqu'en bas d'une manière très-curieuse. Ils montrent beaucoup de courage à lutter contre les loups et les ours, surtout contre ces derniers : lorsqu'un étalon voit venir un de ces animaux, et qu'il se trouve avec une jument ou un poulain, il les place derrière lui ; puis il attaque son ennemi avec les pieds de devant, dont il se sert si adroitement qu'il sort presque toujours victorieux du combat. Quelquefois cependant l'ours, qui est plus fort que le cheval, remporte l'avantage, principalement si celui-ci, en se retournant, cherche à le frapper des pieds de derrière ; car alors l'ours se jette sur lui, et s'y cramponne avec tant de force que le cheval ne peut s'en débarrasser. Dans ce cas, le malheureux quadrupède s'enfuit avec son ennemi jusqu'à ce qu'il tombe, et expire après avoir perdu tout son sang.

On a remarqué avec beaucoup de justesse qu'il est peu de pays qui puissent se vanter d'avoir des chevaux aussi bons que ceux de la Grande-Bretagne. Les chevaux de chasse anglais sont rangés parmi les animaux dont les formes sont les plus nobles et les plus élégantes, et il a été prouvé de la manière la plus positive qu'ils étaient en état d'exécuter des choses impossibles à ceux des autres pays. On a vu à Londres un cheval de course nommé Childers, qui parcourait quatre-vingt-deux pieds et demi en une seconde ; degré de vitesse qui n'a pu être atteint par aucun autre animal de cette espèce.

« On parle souvent, dit M. de Buffon, des cour-
» ses de chevaux en Angleterre, et il y a des gens
» extrêmement habiles dans cette espèce d'art
» gymnastique : pour en donner une idée, je ne
» puis mieux faire que de rapporter ce qu'un
» homme respectable, mylord comte de Morton,
» m'a écrit de Londres. M. Tornhill, maître
» de poste à Stilton, fit la gageure de parcourir à
» cheval, trois fois de suite, le chemin de Stiltou à
» Londres, c'est-à-dire, de faire deux cent quinze
» milles d'Angleterre (environ soixante et douze
» lieues de France) en quinze heures. Le 29 avril

» 1745, il se mit en course, partit de Stilton, fit
» la première course jusqu'à Londres en trois heures
» cinquante et une minutes, et monta huit différens
» chevaux dans cette course ; il repartit sur-le-
» champ, et fit la seconde course, de Londres
» à Stilton, en trois heures cinquante-deux minutes,
» et ne monta que six chevaux ; il se servit, pour
» la troisième course, des mêmes chevaux qui lui
» avaient déjà servi dans les premières ; il en monta
» sept, et il acheva cette dernière course en trois
» heures quarante-neuf minutes : en sorte que non-
» seulement il remplit la gageure, qui était de faire
» le chemin en quinze heures trente-deux minutes,
» mais il le fit en onze heures trente-deux mi-
» nutes. Je doute que dans les jeux Olympiques il
» se soit jamais fait une course aussi rapide que
» cette course de M. Tornhill. »

Au mois de juillet 1788, un cheval, appartenant
à un riche particulier de Londres, parcourut au
trot trente milles en une heure vingt-cinq minutes,
c'est-à-dire vingt et un milles en une heure.

Quelques chevaux du nord de l'Angleterre
portent ordinairement des fardeaux de quatre cents
livres ; mais la preuve la plus remarquable de la
force de ces animaux se trouve dans les chevaux
de meuniers, dont on a vu quelques-uns porter

à la fois trente mesures de grains qui pesaient ensemble plus de neuf cents livres.

Malgré cette force prodigieuse, telle est la disposition naturelle du cheval, qu'il l'exerce rarement au détriment de son maître; la Providence semble l'avoir doué d'un instinct bienveillant, de la crainte de l'homme, et en même temps de la conscience intime que ses services peuvent lui être avantageux.

On trouve néanmoins dans un ouvrage du docteur Rolle, écuyer de Torrington, comté de Devonshire. un exemple d'un cheval qui s'est rappelé une offense, et qui a cherché à s'en venger. Un baronnet avait un cheval de course qu'il n'avait jamais pu fatiguer; un jour il voulut essayer s'il parviendrait à le lasser : après une longue chasse il se fit servir à dîner, remonta ensuite à cheval, et se mit à galoper par monts et par vaux. Lorsqu'il ramena son coursier à l'écurie, les forces de cet animal étaient tellement épuisées qu'il pouvait à peine marcher. Le palefrenier, doué de plus de sensibilité que son brutal de maître, fondit en larmes en voyant un si bel animal ainsi abattu. Quelque temps après le baronnet étant entré dans l'écurie, le cheval, en le voyant, se jeta avec fureur sur lui; et sans l'intervention du valet, il eût mis à jamais ce maître inhumain hors d'état de maltraiter les animaux.

Les frères Franconi nous ont démontré mieux que personne au monde, toute la docilité, toute la pénétration, toute l'intelligence du cheval, en même temps que sa grande souplesse et son extrême agilité. On a vu avec admiration dans leur cirque, à Paris, des chevaux non-seulement faire des exercices incroyables, tels que franchir plusieurs autres chevaux rangés de flanc, traverser un tonneau suspendu à une certaine hauteur et fermé des deux côtés par du papier, ce qui par conséquent n'offre plus à l'œil un vide pour passage ; mais on les voit encore aller chercher tout ce que leur maître leur commande d'apporter, et sur son ordre le lui apporter en marchant les jambes de devant ployées, c'est-à-dire à genoux. On les voit en outre danser en cadence, ou jouer des rôles dans certains mélodrames avec le sens exquis d'un parfait comédien. On se souviendra toujours du cheval gastronome, placé à table avec son maître, et, la serviette au cou, mangeant à la fourchette et buvant du vin dans un verre absolument comme un convive. Le cheval que l'on a admiré sous le nom de Phénix se distinguait aussi à ce théâtre comme étant réellement le phénix des chevaux.

Il règne en Angleterre deux usages barbares : l'un de couper la queue des chevaux, et l'autre de leur

rogner les oreilles. La première se pratique à l'é-
gard des chevaux de trait, sur le motif qu'une
queue longue et fournie ramasse la boue sur les
chemins ; et le second sur les chevaux de selle,
dans la folle supposition qu'on leur donne une
tournure plus élégante. Un peu de réflexion fera
néanmoins connaître toute l'absurdité de cette
conduite ; car, en coupant les oreilles des chevaux, on les prive d'une partie essentielle de l'ouïe
dont ils dirigent toujours l'organe du côté d'où
vient le bruit, et on les rend presque sourds.

« Rien n'est plus affligeant, dit un célèbre écri-
» vain, que de voir dans l'écurie d'un marchand
» de chevaux, de très-beaux coursiers suspendus
» par les crins à des poulies, et souffrant les plus
» cruels tourmens pour avoir la queue un peu
» plus élevée qu'elle ne l'aurait été sans ces tor-
» tures; et pour être privés toute leur vie d'un
» ornement qui les préserverait de la piqûre des
» mouches. »

Si l'on accordait la primauté aux créatures utiles
sur celles qui ne sont que d'apparat, à coup sûr le
cheval l'emporterait sur le lion pour le titre pom-
peux de roi des animaux. Et pourtant nous voyons
le cheval, ce noble coursier dont l'homme est si
fier tant qu'il lui est utile, nous le voyons, dis-je,
dédaigné, abandonné à mesure qu'il avance en âge;

tel qui dans ses beaux jours faisait rouler le carosse d'un roi, ou était monté par des hommes illustres, finit souvent sa carrière, attelé à un misérable fiacre. M. Léon de Chaulaire a écrit *l'histoire du cheval de Napoléon :* nous n'avons point lu ce livre, publié en 1826, à Boulogne, par les frères Grisot, et nous ne pouvons dire quel sort a éprouvé un tel coursier ; mais nous avons connu le général Joubert, commandant en chef de l'armée d'Italie : Eh bien ! veut-on savoir ce qu'est devenu le cheval qui portait ce guerrier lorsqu'il trouva la mort au champ d'honneur, à la bataille de Novi? Ce bel animal, dont le port majestueux et la noble allure lui avait fait donner le nom de *Milord*, après être descendu de grade en grade, a fini par se voir relégué dans l'écurie d'un aubergiste du petit village de Gua (Charente-Inférieure). Nous avons contemplé, vers la fin de 1818, cet ancien compagnon d'un héros français ; ni la vieillesse, ni l'adversité ne lui avaient ôté son allure guerrière et son port martial ; dans son abaissement, *Milord* se présentait encore de manière a faire juger qu'il était digne d'une meilleure fortune. Combien de ses compagnons de gloire sont tombés dans de pareils abandons ! non-seulement l'espèce humaine est généralement ingrate envers les chevaux, mais par fois elle déploie à leur égard une espèce de prévenance affectueuse qui tient de la barbarie : dans les derniers jours de 1818, n'a-t-on pas fusillé à Londres cinq chevaux des écuries de la feue reine, parce qu'étant âgés de trente à quarante ans, ils se trouvaient hors de service, et qu'on ne voulait point les vendre dans la crainte qu'ils ne fussent employés à des travaux ignobles? En vérité, certains chevaux de petits bourgeois ou de simples industriels sont mieux traités au déclin de leurs ans ; on les soigne en raison de leurs anciens services, et du moins on les laisse mourir de vieillesse. C'est avec plaisir qu'on lit dans le journal, *le Drapeau blanc* du 20 décembre 1822, qu'un cheval qui travaillait depuis long-temps dans une fabrique en Angleterre, est mort paisiblement dans les écuries de la maison, parvenu à l'âge de soixante deux ans.

Si des héritiers ont l'insouciance d'abandonner, et quelquefois l'avarice de spéculer sur le cheval de bataille qui a perdu son maître, ce sont des torts individuels : rendons du moins justice à notre coutume française ; elle autorise, elle exige même que le cheval du guerrier soit conduit honorablement, par un valet de pied en tête de deuil qui accompagne la dépouille mortelle de son maître au champ du repos. Cet usage annonce que la société voit, s'il est permis de s'exprimer ainsi, un membre de la famille dans ce compagnon du défunt.

Un auteur a récemment publié la description d'un cheval sans poil qu'il regarde comme une variété de l'espèce, et dont la nudité n'est ni l'effet de l'art ni celui d'une maladie. Cet animal, qui est venu de la Turquie, et qui fut ensuite acheté à Vienne, paraissait avoir à peu près vingt ans: il était maigre, et singulièrement sensible au froid : tout son corps était dépourvu de poil, à l'exception des cils de la paupière inférieure. Ce cheval était d'un noir tirant sur le gris, marqué de quelques taches blanches sur les épaules et à l'aine; sa peau était très-douce au toucher. Il avait les os du nez déprimés : ce qui rendait sa respiration gênée, et produisait du bruit toutes les fois qu'il reprenait haleine : on lui servait la même nourriture qu'aux autres chevaux, et en même quantité.

L'ANE.

Cet animal ressemble tellement au cheval par sa conformation externe et interne, qu'on serait tenté de les croire de la même espèce; mais en examinant attentivement l'un et l'autre de ces quadrupèdes, il est facile de se convaincre que la nature a tiré entre eux une ligne de démarcation ineffaçable.

« L'âne, dit M. de Buffon, est, de son naturel,
» aussi humble, aussi patient, aussi tranquille,
» que le cheval est fier, ardent, impétueux; il
» souffre avec constance, et peut-être avec cou-
» rage, les châtimens et les coups; il est sobre
» et sur la quantité et sur la qualité de la nourri-
» ture; il se contente des herbes les plus dures et
» les plus désagréables, que le cheval et les autres
» animaux lui laissent et dédaignent : il est fort
» délicat sur l'eau; il ne veut boire que de la plus
» claire, et aux ruisseaux qui lui sont connus; il
» boit aussi sobrement qu'il mange, et n'enfonce
» point du tout son nez dans l'eau, par la peur
» que lui fait, dit-on, l'ombre de ses oreilles.
» Comme l'on ne prend pas la peine de l'étriller,
» il se roule souvent sur le gazon, sur les char-
» dons, sur la fougère, et sans se soucier beau-
» coup de ce qu'on lui fait porter, il se couche
» pour se rouler toutes les fois qu'il le peut, et
» semble par là reprocher à son maître le peu de
» soin qu'on prend de lui; car il ne se vautre pas
» comme le cheval dans la fange et dans l'eau; il
» craint même de se mouiller les pieds, et se dé-
» tourne pour éviter la boue : aussi a-t-il les jambes
» plus sèches et plus nettes que le cheval : il est
» susceptible d'éducation, et l'on en a vu d'assez
» bien dressés pour faire curiosité de spectacle. »

Dans l'état sauvage, ce quadrupède, tel qu'on le voit dans les déserts montueux de la Tartarie, les parties méridionales de l'Inde et de la Perse, et dans quelques contrées de l'Afrique, surpasse en beauté et en vivacité tous les animaux de la même espèce amenés à l'état de domesticité.

Les ânes aiment à se rassembler, et vivent en troupeaux séparés, qui consistent chacun en un chef, plusieurs femelles et leurs petits. Ils sont singulièrement timides et adroits à prévenir le danger. Un mâle prend sur lui le soin du troupeau, et se tient toujours sur le qui-vive : si un chasseur parvient à en approcher, celui qui fait sentinelle, aussitôt qu'il l'aperçoit, décrit en courant un circuit considérable, et fait différens tours, comme s'il redoutait quelque péril ; aussitôt que l'animal sait à quoi s'en tenir, il regagne le troupeau qui s'enfuit avec précipitation. Quelquefois cependant sa curiosité lui devient funeste, attendu qu'il approche de si près du chasseur, qu'il lui fournit l'occasion de lui tirer un coup de fusil.

La nourriture de l'âne se compose des plantes les plus salées du désert, et d'herbages laiteux ; il préfère aussi l'eau saumâtre à l'eau fraîche : c'est pour cette raison que les chasseurs l'épient ordinairement dans des embuscades dressées près des marais ou des sources d'eau salée où ces ani-

maux vont boire. Les ânes sauvages ont les organes de l'ouïe et de l'odorat si exquis, que c'est
avec la plus grande difficulté qu'on parvient à
en approcher. Les Persans les prennent dans des
fosses qu'ils remplissent à moitié de plantes; les
ânes tombent dans ces fosses sans se blesser, et
sont ensuite garrottés et emmenés vivans. Lorsqu'ils sont domptés, et qu'on est parvenu à les faire
passer à l'état de domesticité, ils se vendent à des
prix très-élevés, à raison de ce qu'ils sont remarquables par leur extrême vitesse.

Les ânes ont été importés pour la première
fois en Amérique par les Espagnols, et ce pays
paraît très-favorable à l'espèce; car, dans les
contrées de cette partie du monde où on les a
laissés libres, ils ont tellement multiplié que leur
nombre devient importun.

« Dans quelques cantons du Pérou, les pro-
» priétaires des terres permettent, à qui les en
» prie, de donner la chasse aux ânes sauvages qui
» s'y sont extrêmement multipliés. L'on assemble
» beaucoup d'Indiens à pied et à cheval, afin de
» resserrer le troupeau d'ânes dans un vallon :
» là on cherche à les enlacer. L'on éprouve de
» grandes difficultés à les apprivoiser, et ils se
» défendent si courageusement et avec tant d'a-
» dresse, des dents et des pieds, qu'ils estro-

» pient souvent ceux qui les poursuivent et cher-
» chent à les contenir; mais aussitôt qu'ils ont la
» première charge sur le dos, ils deviennent do-
» ciles, et ils quittent l'air farouche pour prendre
» l'extérieur tranquille et lourd d'une ancienne
» domesticité. Ces ânes sauvages ne souffrent
» point qu'aucun cheval mette le pied dans les
» champs où ils pâturent : s'il en paraît quelqu'un,
» ils ne lui donnent pas le temps de fuir, et ne
» cessent de le mordre qu'après lui avoir ôté la
» vie. » (Voyage historique de l'Amérique méridionale, par don Antoine de Ulloa, T. 1, P. 258
et 279.)

Ces animaux possèdent toute la vitesse du cheval, et il n'y a ni ravines ni précipices qui soient
capables de les arrêter dans leur course. La
manière dont s'y prennent ces animaux pour
descendre les précipices des Alpes ou des Andes est
trop curieuse pour que nous la passions sous silence.

Il se trouve souvent dans la traversée de ces
montagnes, des passages très-escarpés et des abî-
mes effrayans ; les chemins offrent aussi très-fré-
quemment une pente de plusieurs centaines de
toises qui ne peut être praticable que pour des
ânes : ces animaux indiquent qu'ils sont instruits
du danger qu'ils ont à courir, par les précautions
qu'ils prennent. Quand ils sont arrivés sur le pen-

chant d'un de ces précipices, ils s'arrêtent d'eux-
mêmes, sans être retenus par le cavalier; et s'il
a l'imprudence de les exciter de l'éperon, ils
continuent à rester immobiles comme s'ils étaient
à réfléchir sur le péril dont ils sont menacés, et
se préparaient à s'y soustraire. Non - seulement
ils examinent avec attention le chemin, mais ils
tremblent et font entendre un braîment qui annonce de la crainte, c'est-à-dire, une voix rauque,
et qui semble sortir des naseaux; s'étant enfin
préparés à descendre, ils placent leurs pieds de
devant dans une posture semblable à celle qu'ils
prennent quand ils veulent s'arrêter; puis ils
tiennent leurs pieds de derrière serrés l'un contre
l'autre, en les avançant un peu sous le ventre,
comme lorsqu'ils veulent se coucher. Dans cette
attitude, après avoir bien observé le chemin, ils
descendent en glissant avec la rapidité d'un mé-
téore; tout ce qui reste à faire au cavalier pendant ce temps, est de se tenir ferme sur sa selle,
sans se servir de la bride; car le moindre mouvement serait capable de faire perdre l'équilibre
à l'âne, et alors l'animal et le cavalier périraient
infailliblement : mais l'adresse de ces quadrupèdes, dans une descente aussi rapide au milieu de leur course précipitée, et où ils semblent
avoir perdu tout moyen de se gouverner eux-

mêmes , est vraiment étonnante ; ils suivent les détours et les sinuosités du chemin avec autant d'exactitude que s'ils avaient déterminé d'avance la route qu'ils avaient à tenir, et pris toutes les précautions nécessaires à leur sûreté. Dans ces voyages, les naturels du pays qui sont placés sur la crête des montagnes et tout le long des hauteurs, en se tenant cramponnés aux racines des arbres, animent et encouragent ces animaux avec des cris triomphans. Quelques-uns de ces ânes, après avoir fait plusieurs de ces voyages , deviennent fameux par leur adresse, et leur valeur s'accroît en raison de cette célébrité.

La race espagnole des ânes est devenue , par des attentions et des soins soutenus, la première du monde, à raison de ce que ces animaux réunissent les avantages de la force et de l'élégance, et qu'ils parviennent quelquefois à la taille de cinq pieds. Les Romains avaient une espèce d'ânes dont ils faisaient tant de cas, que Pline parle d'étalons de cette race qui se sont vendus plus de trois mille livres de notre monnaie , et le même auteur avait remarqué que dans la Celtibérie, province d'Espagne, une ânesse qui a mis bas était évaluée à la même somme. Il paraît aussi, d'après les relations des voyageurs modernes, que les plus beaux ânes se vendent quelquefois cent guinées et au-delà.

On voit en Égypte et en Arabie, des ânes dont
la taille, les attitudes et les mouvemens ont une
grâce étrangère même à ceux d'Espagne : leur
marche est sûre et légère, leur allure aisée et
pétulante; non-seulement on leur fait porter la
selle, mais les marchands mahométans, les plus
riches particuliers, et les femmes du plus haut
rang de ce pays, s'en servent pour monture. Il
n'y a pas long-temps que c'étaient les seuls animaux sur lesquels les chrétiens de tout rang et
de toute qualité avaient le droit de paraître dans
la capitale.

« Tout le monde au Caire, dit Sonnini, à l'ex-
» ception des chefs militaires, va sur des ânes; et
» dans cette ville, où les voitures ne sont point en
» usage, les dames du plus haut rang n'ont point
» d'autre équipage. L'on n'y en compte pas moins
» de quarante mille ; l'on y en trouve de tout sel-
» lés et bridés dans les carrefours, et on les loue
» comme nos carrosses de place. »

C'est en Égypte, au rapport de M. Denon, que
ces quadrupèdes paraissent jouir de toute la plé-
nitude de leur existence. Ils sont robustes, vigoureux, très-doux, et ont la marche sûre ; leur pas
naturel est une espèce d'amble ou de petit galop;
et l'âne enfin, sans fatiguer son cavalier, peut lui
faire traverser très-promptement les plaines im-

menses situées dans différentes parties de cette contrée.

Comme ces animaux sont **en** général plus robustes que les chevaux, les pélerins mahométans les emploient dans leurs longs et pénibles voyages de la Mecque; et les chefs des caravanes de la Nubie, qui mettent soixante jours à traverser de vastes solitudes, montent des ânes qui, à leur arrivée en Égypte, ne paraissent nullement fatigués. Lorsque le cavalier descend de son âne, il n'a pas besoin de l'attacher; il fixe seulement la bride dans un anneau à l'arçon de la selle, et cette précaution suffit pour qu'il reste immobile dans la même place.

L'opinion généralement reçue, que les ânes sont des animaux entêtés et insensibles aux bons comme aux mauvais traitemens, n'est nullement fondée; nous en avons la preuve dans l'anecdote suivante, rapportée dans le *Cabinet des Quadrupèdes* de Church, sur l'autorité de M. Swan :

« Un vieillard, qui vendait des légumes à Londres, se servait d'un âne chargé de paniers, qu'il menait de porte en porte; il lui arrivait souvent de donner à ce pauvre animal une poignée de foin ou quelques morceaux de pain, et des herbages pour le rafraîchir et l'encourager. Cet homme n'avait besoin d'aucun aiguillon pour faire marcher son âne, et il lui arrivait rarement de lever la main sur lui. Ses bons procédés furent un jour remarqués d'une personne, qui lui demanda si sa bête n'était pas sujette à des caprices et à des entêtemens : « Ah monsieur, répondit-il, je n'ai pas de » reproches à lui faire, car il est toujours prêt à » marcher et à aller où je veux ; je le nourris moi-» même ; quelquefois il est d'une humeur folâtre ; » un jour il s'est échappé loin de moi ; plus de cin-» quante personnes coururent inutilement après lui » pour le rattraper ; mais il revint, et ne s'arrêta » que lorsqu'il fut venu appuyer doucement sa tête » contre ma poitrine. »

On ne lira pas sans intérêt l'anecdote suivante, tirée des *animaux célèbres* : « Beaumarchais, cet auteur dramatique dont les comédies ont joui d'une vogue étonnante, Beaumarchais vit un jour devant sa porte un pauvre grison chargé de légumes que vendait une jeune fille de campagne : l'animal avait l'oreille basse, les os près de la peau ; il semblait faible sur ses jambes, et cherchait de temps en temps à tirer la paille des sabots de sa conductrice, qui le rudoyait sans lui donner à manger. L'auteur de *Figaro* en a pitié ; il envoie un de ses domestiques acheter à la villageoise ses légumes, fait approcher l'âne de la grille de sa maison, et lui donne lui-même une botte de foin. C'était au commencement des temps révolutionnaires. Quelques momens après, un de ses voisins vient le prévenir qu'on se dispose à faire des visites domiciliaires chez les aristocrates, qu'il est rangé dans la classe des suspects, et que, s'il ne veut pas être arrêté, il doit fuir à l'instant. Beaumarchais, hésite, se consulte, délibère, enfin laisse le temps aux gens armés d'investir sa maison. Il se cache dans un placard dont l'ouverture était à peine visible. On entre, on cherche partout, on approche de son asile; mais cette armoire échappe à l'œil des inquisiteurs : un seul homme entr'ouvre sa cachette et le reconnait.... il se croit perdu : heureusement cet homme était son meilleur ami, qui, dans l'espoir de lui être utile, s'était mêlé parmi les shirres révolutionnaires. « On doit revenir cette nuit, lui dit-il » tout bas, tâchez de ne pas les attendre. » Beaumarchais profite de l'avis ; et dès que sa maison est libre, il s'esquive par son jardin. Mais il était nuit ; les rues étaient remplies de patrouilles : comment n'être pas arrêté ! Le plus sûr moyen était de sortir de Paris ; il y parvient en se glissant par une barrière mal-gardée. Le voilà errant dans la campagne par une pluie abondante, sans savoir où trouver un gîte. Il frappe inutilement à plusieurs portes ; enfin il aperçoit

une lumière dans une vieille masure ; il appelle
et demande l'hospitalité. « Ah ! bien oui, dit un
» homme qui se présente à la fenêtre ; à l'heure
» qu'il est ! cherchez vos dupes ailleurs. » Beaumarchais insiste, prie, promet de payer généreusement son hôte. « Passez votre chemin, lui
» dit-on. » Il allait se retirer, lorsqu'il entend
une jeune voix crier : « Ah ! mon père, ouvrez
» vite ; c'est le bon monsieur qui a donné du
» foin à notre âne. » Aussitôt la porte s'ouvre ;
le fugitif est reçu, choyé ; il confie ses inquiétudes
à ces cœurs reconnaissans, et se sert d'eux avec
succès pour trouver le lendemain un asile plus
commode et plus sûr. Il ne quitta pas ses hôtes
sans aller à l'écurie visiter le pauvre baudet qui
lui avait valu un accueil amical et aussi important dans une circonstance aussi critique.

Nous avons vu à Paris *l'âne savant*, qui répon-
dait aux questions de son maître par le signe de
tête oui et non, absolument comme l'aurait pu faire
une personne muette : il comptait avec le pied
l'heure et les minutes que marquait une montre ;
il désignait dans la compagnie l'homme le plus
jovial, la jeune fille la plus coquette, et faisait
quantité d'autres scènes des plus divertissantes.

LE BOEUF.

C'est de cet utile animal que sont provenues les nombreuses variétés du gros bétail qui se trouve dans les différentes parties de l'ancien et du nouveau Monde : dans son état sauvage, on le reconnaît à l'épaisseur de son poil, qui est touffu, et qui, à l'entour de la tête, du cou et des épaules, est fréquemment si long, qu'il descend jusqu'à terre. Cet animal parvient à une telle grosseur, qu'il pèse quelquefois de seize cents à deux mille livres. Ses cornes sont courtes, droites, pointues, et éloignées l'une de l'autre à leur base ; sa couleur est d'un brun foncé ou d'un brun fauve ; ses membres sont très-forts et très-musculeux. Il a l'aspect sombre et farouche.

On trouve principalement des bœufs sauvages dans les forêts marécageuses de la Pologne, sur les monts Carpatiens, dans la Lithuanie, et dans différentes contrées de l'Asie ; on assure aussi qu'une race de bœufs sauvages, les seuls qui restent en Angleterre, vit en liberté dans le parc du lord Tankerville à Chillingham, près de Berwick, sur le Tweed : ces bœufs ont le poil toujours blanc sur toute l'habitude du corps, à l'exception du mufle, dont la couleur est noire, de l'intérieur des oreilles et de l'extérieur de la hanche, qui sont rouges. Leurs cornes sont blanches, et ont les extrémités noires; elles sont fort belles, et leur courbure incline vers la terre.

Le poids des bœufs de cette race s'élève de quatre cent quatre-vingt-dix à six cent trente livres, et celui des vaches, de trois cent cinquante à quatre cent quatre-vingt-dix livres; leur chair est marbrée et d'un goût très-savoureux.

Lorsque ces animaux aperçoivent quelqu'un qui s'approche d'eux, il s'enfuient à toutes jambes à la distance de deux ou trois cents verges. Ils forment alors un circuit, et reviennent hardiment sur leurs pas, en secouant la tête d'une manière menaçante; s'arrêtant alors tout-à-coup à la distance de quarante ou cinquante verges, ils regardent d'un air farouche l'objet de leur surprise; mais au moindre mouvement ils décrivent encore un circuit, et s'enfuient avec la même précipitation qu'auparavant, à une distance à la vérité moins éloignée; puis formant un cercle plus petit et revenant de nouveau, en prenant un aspect plus menaçant encore que la première fois, ils s'approchent de plus près, c'est-à-dire à environ trente verges; puis ils font une nouvelle halte, et se mettent encore à fuir; ils répètent plusieurs fois ce manège, raccourcissant par degrés les distances, jusqu'à ce qu'ils ne se trouvent plus éloi-

gnés que de quelques verges; et alors il est prudent de les laisser, sans quoi ils se jetteraient
infailliblement sur les spectateurs.

L'ancienne méthode de tuer ces animaux dans
le parc était fort singulière. Sur l'avis qu'un
taureau sauvage serait mis à mort un certain jour,
les habitans du voisinage s'assemblaient au nombre de cent cavaliers et quatre à cinq cents hommes
de pied, tous munis de fusils et d'autres armes;
ceux à pied se tenaient sur des murs ou sur des
arbres, tandis que les cavaliers s'occupaient à
séparer un bœuf du troupeau, et à l'amener à une
portée de mousquet. Les gens montés sur les arbres et sur les murs descendaient alors, et lui dé-
chargeaient un coup de fusil; il fallait quelquefois
vingt à trente décharges avant de tuer l'animal;
ce quadrupède, noyé dans son sang, était rendu
furieux par ses blessures et par les cris de triomphe qui retentissaient de tous les côtés; mais à
raison des nombreux accidens auxquels une pareille chose donnait lieu, cet usage dangereux
a été abrogé, et en se mettant à l'affût, le garde du
parc tue ordinairement un de ces taureaux d'un
seul coup de carabine.

Les vaches de cette espèce, lorsqu'elles mettent
bas; cherchent un endroit retiré où elles cachent
leurs petits pendant huit à dix jours, et où elles

vont les allaiter de temps à autre; ces petits, si on les approche, posent leur mufle contre terre, et se tiennent couchés à plat ventre, comme des lièvres au gîte, pour n'être pas vus. Cette ruse est une preuve indubitable de leur état sauvage, qui se trouve encore confirmée par l'anecdote suivante, racontée dans l'histoire de Berwick du docteur Fuller.

Il trouva dans les bois un veau d'environ deux jours, très-maigre et très-faible; s'étant avisé de passer la main sur sa tête, ce petit animal se leva sur ses jambes, frappa deux ou trois fois la terre de ses pieds, comme un vieux taureau, poussa un fort beuglement, se retira de plusieurs pas de lui, et revint lui donner des coups de tête de toutes ses forces dans les jambes; il recommença ensuite à frapper du pied, à beugler, à se retirer en arrière, et à le frapper comme auparavant: mais, instruit de ses intentions, le docteur se tourna de côté, et l'animal manquant son coup, tomba par terre, et se trouva si faible, que, malgré tous ses efforts, il ne put se relever; le bruit qu'il avait fait néanmoins jeta l'alarme dans le troupeau, et notre auteur fut obligé de se retirer.

Il n'est presque aucune partie du bœuf qui ne soit utile à l'homme. Sa peau sert à la fabrication de plusieurs espèces de cuirs. Son poil est employé à différens usages ; l'industrie humaine est parvenue à faire de ses cornes, des boîtes, des peignes, des manches de couteaux, des gobelets et beaucoup d'autres ustensiles. Lorsqu'on l'amollit dans l'eau bouillante, elle devient si flexible, qu'on en fait des feuilles transparentes pour les lanternes ; les os de bœufs remplacent l'ivoire dans beaucoup de cas, et se vendent à un prix médiocre ; on fait de la glu avec les cartilages et les parures de la peau de cet animal, bouillis dans l'eau jusqu'à ce qu'ils aient acquis la consistance d'une gelée, et que les parties en soient suffisamment dissoutes ; on les fait ensuite sécher. Les nerfs de cet animal sont convertis en une espèce de fil très-fin employé par les selliers et autres ouvriers ; les pieds fournissent une huile qui est très-utile pour préparer et adoucir le cuir ; le suif et la graisse qu'on obtient de cet animal sont trop connus pour que nous en parlions ici. Tels sont les avantages que l'on retire du bœuf ; et si nous portions notre attention sur la vache, dont le lait forme une nourriture si riche et si nutritive pour le genre humain, et procure à nos maisons des articles aussi importans que le beurre, le fromage et la crème, etc., nous serions presque portés à admirer le respect superstitieux que les Gentoux ont pour un animal auquel ils ont tant d'obligations ;

ils portent si loin cette vénération , qu'il n'est presque pas un seul Gentoux qui , s'il s'y trouvait forcé , n'aimât mieux sacrifier ses père et mère ou ses enfans , que d'immoler un bœuf ou une vache; imbus de la doctrine de la métempsycose , ils frémissent à la seule idée d'insulter à l'âme de leurs semblables , qui ont fixé leur séjour dans ces quadrupèdes. Cette pensée les empêche de détruire avec dessein une bête quelconque, et les induit à respecter, dans la puce comme dans l'éléphant, une vie que Dieu seul peut donner.

Il n'est aucun animal qui soit aussi répandu sur la terre que la vache ; on la trouve dans toutes les parties du globe , petite ou grosse , suivant la quantité et la qualité de la nourriture qu'on lui donne. La vie de cet animal s'étend jusqu'à quinze ans , et on peut estimer très-aisément son âge , à raison de ce qu'environ à quatre ans il se forme à la racine de ses cornes un cercle , auquel chaque année subséquente en ajoute un autre.

Les bœufs de l'Inde sont en général petits, armés de cornes obtuses, et munis de bosses sur les épaules ; ils servent à traîner les chariots et autres voitures, et font des voyages de soixante jours à douze ou quatorze lieues par journée ; leur pas ordinaire est lent , mais ils trottent facilement ; au lieu de leur mettre un mors, on leur passe au

travers du cartilage des narines, un anneau auquel
on attache une corde qui sert de bride. Ceux qui
appartiennent aux nababs et autres grands sei-
gneurs, ont des cornes dorées, et sont décorés de
harnois brodés en or. En 1826, on voyait à la
ménagerie d'Exeter-Change, quatre de ces animaux qu'on disait avoir appartenu autrefois au
sultan Tipoo-Saïb, et avoir servi à mener ses
enfans.

CHAPITRE III.

LA BREBIS.

La brebis, à raison de ses besoins, de son naturel et de son utilité, est l'animal qui semble être inséparable de l'homme : les attentions qu'il a pour elle, sont amplement payées par les avantages qu'il en retire : c'est pour cette raison que la brebis tient le premier rang parmi les quadrupèdes, après le cheval et le bœuf. Si le premier de ces animaux sert à nos plaisirs et à la prompte exécution de nos affaires, et si l'autre nous fournit la partie la plus saine et la plus nutritive de nos alimens, c'est à la brebis que nous sommes redevables d'une portion considérable de notre nourriture, et de ce qu'il y a de plus essentiel dans nos habillemens.

Cet animal est d'un naturel singulièrement doux, et montre moins de vivacité que la plupart des autres quadrupèdes ; mais M. de Buffon s'est montré fort injuste envers lui, lorsqu'il l'a dépeint comme privé de toute espèce de courage, d'instinct et de moyens de défense. Dans les vastes champs situés sur des montagnes, où de nombreux troupeaux de brebis errent en liberté, et en général, sans la protection du berger, elles montrent des dispositions absolument différentes : on a souvent vu un bélier attaquer un chien, et sortir victorieux du combat; lorsque le danger est plus pressant, les moutons ont recours à la force collective du troupeau, et forment, par leur réunion, une masse compacte qui présente de tous les côtés un front impénétrable, et qui ne peut être attaqué sans le plus grand danger pour l'assaillant. On a fait encore l'observation qu'il est peu de quadrupèdes qui montrent plus de sagacité que les brebis dans le choix de leur nourriture; la finesse de leur prévoyance à l'approche d'un orage n'est pas moins remarquable.

Les variétés de cet utile animal sont si nombreuses, qu'il n'existe pas deux contrées qui produisent des brebis exactement de la même espèce, et l'on remarque toujours une différence sensible dans chaque race, du côté de la taille, de la grosseur, de la toison ou des cornes.

Depuis long-temps, dans la Grande-Bretagne, les races ont été singulièrement perfectionnées par les soins infatigables de M. Backwell de Dishley, du comté de Leicester; son exemple ayant été suivi avec beaucoup de succès, la race perfectionnée de Leicester est tenue en grande estime dans la plupart des contrées de l'Angleterre, et presque tous les principaux nourrisseurs de bestiaux cherchent à introduire quelque mélange de cette variété dans leurs troupeaux.

La race de Lincolnshire est d'une très-forte taille, et la toison de ces brebis surpasse par le poids et l'utilité celles d'Espagne, à raison de ce qu'elles paissent dans des marais où l'herbe est très-abondante : mais la chair en est maigre, grossière, et moins savoureuse que celle des races plus petites.

Les moutons de Dorsetshire ont pour la plupart la face blanche avec de longues jambes fort grêles, et une toison peu fournie ; leur chair est tendre et d'une saveur agréable. Quelques variétés de cette espèce sont répandues dans presque toutes les contrées méridionales de ce pays.

Cependant la race la plus forte des moutons anglais se trouve sur les bords du Tees qui parcourt un long trajet de pays, et sépare les deux contrées de Durham et d'Yorck. Les jambes de cette variété sont plus hautes que celles des troupeaux de Lincolnshire, et soutiennent un corps plus gros et plus ferme ; leur laine a plus de légéreté, et leur chair est d'un grain beaucoup plus fin. Cette race est singulièrement prolifique ; la brebis produit généralement deux et quelquefois trois ou quatre agneaux par saison. Les moutons de Shetland sont en général dépourvus de cornes, et se distinguent particulièrement aux jambes et à la queue; ils sont petits et bien faits; leur laine est d'une qualité supérieure à celle des autres cantons du royaume. Il est digne de remarque que jamais on ne les tond, et que leur toison s'enlève à la fois avec la plus grande facilité, en laissant une espèce de poil long qui couvre ces animaux, et qui est destiné à les tenir chaudement lorsqu'ils sont privés de leur laine.

Dans les pays montueux de la principauté de Galles, où les moutons jouissent de tant de liberté qu'ils en deviennent sauvages, ils ne se réunissent pas en grands troupeaux; mais ils paissent ordinairement par parties de huit, dix ou douze, dont l'une se tenant à une certaine distance, reste pour faire le guet, et les avertir de la moindre approche du danger. Lorsque cette sentinelle voit quelqu'un approcher à la distance de deux à trois cents verges, elle porte ses regards vers l'ennemi, fixant un œil attentif sur ses mouvemens, et le laisse avancer jusqu'à la distance de quatre-vingts ou cent toises; mais si l'ennemi supposé franchit cette distance, le garde surveillant avertit ses compagnons par un fort sifflement qu'il répète deux à trois fois : à ce signal, la petite troupe s'enfuit avec une vitesse inconcevable, et gagne aussitôt la partie la plus inaccessible des montagnes.

______

LE MOUTON D'ISLANDE.

Cet animal diffère du mouton de l'Angleterre, en ce qu'il a les oreilles fort droites, la queue petite, et quelquefois quatre, cinq ou huit cornes; sa laine est longue, douce au toucher et poilue; sous la toison supérieure, qui tombe à certaines époques, est une autre fourrure qui ressemble à un feutre court et soyeux. Le mouton d'Islande est d'une couleur brune, et chaque toison produit quatre livres de laine. Il est des contrées où on tient ces animaux à la bergerie pendant l'hiver; mais on en laisse le plus grand nombre chercher leur nourriture dans les plaines découvertes. Ils acquièrent beaucoup d'embonpoint et se nourrissent de cochléaria, dont ils sont très-friands.

Dans les temps orageux, ils s'abritent dans des cavernes, mais lorsqu'ils ne peuvent pas trouver de pareilles retraites, et qu'il tombe de la neige, ils se réunissent en un troupeau, mettent leurs têtes les unes contre les autres, avec leur chanfrein incliné vers la terre; cette précaution les empêche d'être enterrés aussi promptement sous la neige, et fait qu'ils sont plutôt découverts par le maître auquel ils appartiennent; ils restent quelquefois dans cette situation un si grand nombre de jours, qu'ils se rongent mutuellement la toison : cette laine forme dans leur estomac des boules très-dures, qui souvent leur donnent la mort. Lorsque cependant la neige a cessé de tomber, on va à leur recherche, et on parvient à les dégager.

Une bonne brebis d'Islande donne deux à six pintes de lait par jour; les habitans du pays en font du fromage : mais la partie la plus précieuse de cet animal est la laine, que l'on ne tond jamais, et qu'on laisse sur son corps jusqu'à la fin de mai, époque où elle se détache d'elle-même, et s'enlève à la fois comme une peau que l'on écorcherait : l'habitude de leur corps est alors couverte d'une nouvelle toison qui est très-courte et très-fine; elle continue de croître pendant l'été, et devient, à la fin de l'automne, d'une contexture grossière, touffue et ressemblant un peu au poil de chameau. Cette toison met les brebis d'Islande à même de supporter les rigueurs de l'hiver; mais si, après qu'on les a dépouillées de leur laine, le printemps est humide, on attache ordinairement un morceau de gros drap autour de l'estomac des plus faibles de ces animaux, pour les mettre à l'abri du froid.

LE MOUTON A LARGE QUEUE.

CETTE variété, qui se trouve principalement en Perse, dans la Barbarie, la Syrie et l'Égypte, et dans quelques contrées orientales, ne diffère pas beaucoup des moutons européens par l'apparence de son corps; mais sa queue est si grosse, qu'elle forme un tiers du poids de l'animal; et pour empêcher que les buissons ne lui portent préjudice, le berger, dans différentes contrées de la Syrie, attache sous sa partie inférieure une planche de bois fort mince, supportée par des roues comme une brouette; cette large queue est couverte de longs poils laineux, et se compose d'une substance qui tient le milieu entre la graisse et la moelle, et que l'on emploie souvent aux usages de la cuisine. Les peaux de moutons servent de lits au Égyptiens établis au-delà de Grand-Caire, parce que, indépendamment de ce qu'elles sont très-moelleuses, elles préservent de la piqûre du scorpion, qui ne s'expose jamais à marcher sur la laine, de peur de s'y empêtrer.

Leur toison est très-légère, très-fine et très-poilue; on en fait, au Thibet, des schalls, qui forment une source considérable de richesses pour les habitans. On croyait autrefois que les schalls étaient faits de poil de chameaux, et ce n'est que depuis que les Anglais, établis dans l'Inde, ont formé des communications avec le Thibet, que l'on connaît la matière de cette étoffe.

Nous voyons à la ménagerie du Roi, à Paris, des moutons de Barbarie à grosse queue, et le morvan, espèce de mouton d'Afrique à longues jambes. L'alpaca des Cordilières, animal très-remarquable par sa longueur et la finesse de sa laine, et qui était presque inconnu lorsqu'il a été donné au Muséum, par M. Pouydebat, négociant à Bordeaux. On y remarque aussi le mâle et la femelle du mouton d'Astracan, donné par M. le duc de Richelieu.

LE MOUFLON.

Le mouflon ou mouton sauvage est de la grosseur d'un petit cerf, et pourvu de longues cornes striées à leur surface supérieure et aplaties en dessous ; celles des vieux mâles sont quelquefois d'une grandeur si prodigieuse, qu'elles pèsent de quinze à seize livres. L'été, leur toison est d'une couleur brunâtre mêlée de gris aux parties supérieures, et blanchâtre aux parties inférieures ; l'hiver, les supérieures prennent une couleur de rouille, et les autres de gris cendré.

3.

Ces animaux abondent dans le Kamtschatka, où ils fournissent aux habitans de ce pays la nourriture et le vêtement. Leur chair est si estimée des naturels du pays, qu'ils la regardent comme un mets digne des dieux. Des familles entières abandonnent leurs habitations au printemps, pour se livrer entièrement à la chasse de cet animal, dans les montagnes les plus escarpées.

On tue ordinairement les mouflons à coups de fusil, avec des flèches, et quelquefois avec des arbalètes que l'on tend sur leur passage, et qui se déchargent sur eux quand ils marchent sur un cordon qui en lâche la détente. Lorsqu'ils sont poursuivis par des chiens, ils emploient leur vitesse à se réfugier sur des hauteurs, d'où ils se mettent à regarder les chasseurs avec une sorte de mépris ; le but de ceux-ci n'en est pas moins rempli, parce que, tandis que l'attention de ces brebis sauvages se porte sur eux, et qu'elles sont ainsi occupées, d'autres chasseurs s'en approchent avec précaution jusqu'à ce qu'ils n'en soient éloignés que d'une portée de mousquet, et les tuent à coups de fusil ou avec leurs flèches.

Les Kamtschadales ne tondent pas le mouflon, mais ils lui laissent la laine jusqu'à la fin de mai ; à cette époque, elle se détache d'elle-même, et ils enlèvent toute la toison à la fois.

M. Pennant assure que leur chair, séchée au feu, fait un objet de commerce important.

LA CHÈVRE.

Cet animal, vif et pétulant, occupe, après la brebis, le premier rang dans l'échelle des êtres; il a beaucoup de ressemblance avec cet utile quadrupède; mais il est plus courageux et plus approprié, sous tous les rapports, à une vie de liberté. La chèvre est facilement amenée à l'état de domesticité; elle se montre très-sensible aux caresses, et susceptible de beaucoup d'attachement. « L'inconséquence de son naturel, dit M. de
» Buffon, se marque par la légèreté de ses actions;
» elle marche, elle s'arrête, elle court, elle bon-
» dit, elle saute, elle s'approche, s'éloigne, se
» montre, se cache, ou fuit comme par caprice,
» et sans autre cause déterminante que celle de
» la vivacité bizarre de son sentiment intérieur. »
Elle préfère les friches ou les terrains buissonneux à la plaine et aux prairies les plus fertiles; elle se plaît à grimper sur les monts les plus escarpés, sur les bords des précipices les plus effrayans, sur des rochers qui dominent la mer, et où elle dort en parfaite sécurité. On est tenté de croire, comme le fait observer M. Ray, que

les pieds de cet animal sont conformés pour les entreprises périlleuses ; car , en le considérant attentivement , on remarque que la nature l'a pourvu de sabots qui, étant creux en dessous et munis de bords fort tranchans , rendent ce quadrupède capable de marcher aussi sûrement sur le faîte d'une maison que sur un terrain uni.

Le lait de la chèvre est doux, nourrissant et médicinal, moins susceptible de se cailler sur l'estomac que celui de la vache, et conséquemment préférable pour les personnes qui ont la digestion laborieuse. La chèvre donne ordinairement deux ou trois petits par portée; mais dans les climats chauds elle est plus féconde.

La ménagerie du jardin du Roi à Paris, possède des individus mâles et femelles des chèvres que M. Ternaux à fait venir de Tartarie, et un bouc que MM. Diard et Duvancel ont envoyé de l'Inde , et qui est la véritable race dont la laine est employée à fabriquer les beaux schalls de cachemire. On voit aussi un bouc et des chèvres de la haute Égypte, auxquels l'avancement de la mâchoire inférieure donne une physionomie très singulière; et des chèvres du Napaul, remarquables par un caractère imposant en zoologie, celui d'avoir le chanfrein comme les moutons

M. Sonnini rapporte un exemple curieux de la

facilité avec laquelle les chèvres se laissent téter
par des animaux beaucoup plus grands qu'elles,
et d'un genre fort éloigné : « J'ai vu en 1781, à
» Châtillon-sur-Seine, dit ce naturaliste, chez la
» femme Urgnette, un poulain, dont la mère avait
» péri, être adopté et nourri par une chèvre que
» l'on faisait monter sur un tonneau, afin que le
» poulain pût la téter avec plus de facilité. Il sui-
» vait sa nourrice au pâturage comme il eût suivi
» sa propre mère, dont il retrouvait les soins et les
» sollicitudes dans la chèvre, qui l'appelait par
» des bêlemens empressés et inquiets lorsqu'il
» s'écartait d'elle. »

Dans les parties montagneuses de l'Irlande et de
l'Ecosse, où tout autre animal ne pourrait trouver de quoi vivre, la chèvre sait se procurer une
nourriture abondante, et fournit aux habitans de
ces contrées la plupart des nécessités et des com-
modités de la vie. « Ils couchent, dit Goldsmith,
» sur des lits faits de peaux de ces animaux, et qui
» sont moelleux, propres et salubres; ils vivent de
» pain d'avoine et de leur lait, dont ils convertis-
» sent une partie en beurre, et le reste en fromage.
» C'est de cette manière qu'au milieu des plus
» douces solitudes, le pauvre trouve des ressources
» dans des choses dont le riche ne prend pas la
» peine de le déposséder; c'est dans ces retraites

» escarpées, où le pays n'offre en perspective que
» des rochers, des friches et des précipices, où la
» pauvreté du sol se peint par sa nudité, que des
» gens dont les mœurs sont simples et innocentes,
» trouvent tous leurs plaisirs et toutes leurs jouis-
» sances. Leurs fidèles troupeaux de chèvres les
» accompagnent dans ces solitudes imposantes, et
» pourvoient à tous leurs besoins, tandis que leur
» situation isolée les rend étrangers à toute espèce
» de luxe. »

On ne lira pas sans intérêt l'anecdote suivante :
Lorsqu'après la chute de Robespierre, la France
moins opprimée commença à respirer, la fille de
Louis XVI, prisonnière dans la tour du Temple,
éprouva aussi quelque adoucissement dans sa cruelle
captivité. Ceux qui prirent les rênes du gouverne-
ment permirent que les portes de la tour s'ou-
vrissent, et que la jeune princesse pût se promener
dans le jardin. Là, elle donna ses soins à une
chèvre qu'on lui avait procurée pour la distraire :
la chèvre s'attacha bientôt à l'ange de douceur
dont elle semblait reconnaître et apprécier les attentions, au point qu'elle ne voulait nullement
toucher à la nourriture que lui présentait une autre
main. Le matin, elle bêlait d'impatience jusqu'au
moment où la princesse descendait au jardin ; elle
bondissait de joie à sa vue, et la suivait fami-

lièrement. Un jour, un commissaire appela ce fidèle animal, en lui présentant à manger, s'imaginant qu'au moyen de cet appât il viendrait à lui; la chèvre le regarda un instant; puis, comme si elle eut voulu lui faire sentir qu'elle mettait une grande différence entre l'agent des oppresseurs et l'innocence opprimée, se rapprochant de sa jeune maîtresse, elle redoubla ses caresses, et ne voulut point la quitter : cette petite scène fit sourire l'illustre captive. Lorsqu'enfin l'orpheline du Temple fut rendue à la liberté pour aller hors de France, rejoindre sa famille proscrite, la chèvre se montra long-temps inquiète, triste, malgré les soins extrêmes des gens qui trouvaient une satisfaction inappréciable à posséder l'intéressant animal qui avait appartenu à la fille de leur roi.

LE CHAMOIS.

Cet animal est à peu près de la grosseur de la chèvre commune, à laquelle il ressemble sous tous les rapports. Sa tête est ornée de cornes noires fort grêles, hautes d'environ huit pouces, et recourbées à leurs pointes; il existe derrière chacune de ces cornes, à sa base, un large orifice qui pénètre dans sa peau, et dont la nature et l'usage ne paraissent pas bien déterminés. La position de ses oreilles est singulièrement gracieuse, et on admire en lui deux beaux yeux ronds qui ont du feu, et représentent la vivacité de son naturel. La couleur de sa tête est d'un fauve blanchâtre, tranché par deux bandes noires qui descendent des cornes le long des côtés de la face; il a le corps d'un fauve brunâtre, et la queue noire à sa surface supérieure.

« On trouve le chamois, dit M. Perraut, dans
» les montagnes du Haut-Dauphiné, du Piémont,
» de la Savoie, de la Suisse, et de l'Allemagne. Il
» choisit les parties les plus délicates des plantes
» comme la fleur et les bourgeons tendres; il est
» très-friand de quelques herbes aromatiques, par-
» ticulièrement de la carline et du génippy, qui
» sont les plantes qu'on croit les plus chaudes des
» Alpes. Il boit très-peu quand il mange de l'herbe
» verte; il aime beaucoup les feuillages et les pe-
» tits bouts tendres des arbrisseaux; il rumine
» comme la chèvre, après avoir mangé: la nourri-
» ture dont il fait usage paraît annoncer la grande
» chaleur de son tempérament. La vue du chamois
» est des plus pénétrantes; il n'y a rien de si fin
» que son odorat: quand il voit un homme dis-
» tinctement, il le fixe pour un instant, et s'il en
» est près, il s'enfuit. Il a l'ouïe aussi fine que l'o-
» dorat, car il entend le moindre bruit; quand le

» vent souffle un peu , et que ce vent vient du côté
» d'un homme à lui , il le sentira de plus d'une
» demi-lieue ; quand donc il sent ou qu'il entend
» quelque chose, et qu'il ne peut pas en faire la
» découverte par les yeux , il se met à siffler avec
» tant de force que les rochers et les forêts en
» retentissent ; s'ils sont plusieurs, ils s'en épou-
» vantent tous. Ce sifflement est aussi long que
» l'haleine peut tenir sans reprendre : il est d'abord
» fort aigu , et baisse sur la fin. Le chamois se re-
» pose un instant, regarde de tous côtés, et re
» commence à siffler ; il continue d'intervalle en
» intervalle ; il est dans une agitation extrême ; il
» frappe la terre du pied de devant , et quelquefois
» les deux ; il se jette sur des pierres grandes et
» hautes, il regarde, il court sur des éminences ;
» et quand il a découvert quelque chose , il s'en-
» fuit. Le sifflement du mâle est plus aigu que
» celui de la femelle. Ce sifflement se fait par les
» narines , et n'est proprement qu'un souffle aigu
» très-fort , semblable au son que pourrait rendre
» un homme en tenant la langue au palais , ayant
» les dents à peu près fermées , les lèvres ouvertes
» et un peu allongées, et qui soufflerait vivement
» et long-temps. Il emploie ce sifflement comme
» un signal de danger. Dans toute autre circon-
» stance on ne lui connaît qu'un bêlement fort peu

» sensible, ressemblant un peu à la voix d'une
» chèvre enrouée. Les chamois parcourent les
» montagnes ; les chiens ne peuvent pas les suivre
» dans tous les précipices : il n'y a rien de si ad-
» mirable que de les voir monter et descendre des
» rochers inaccessibles ; ils ne montent ni ne des-
» cendent pas perpendiculairement, mais en dé-
» crivant une ligne oblique en se jetant en travers,
» surtout en descendant ; ils se jettent du haut en
» bas au travers d'un rocher qui est à peu près
» perpendiculaire, de la hauteur de plus de vingt
» ou trente pieds, sans qu'il y ait la moindre place
» pour poser ou retenir leurs pieds ; ils frappent
» le rocher trois ou quatre fois des pieds, en se
» précipitant, et vont s'arrêter à quelque petite
» place au-dessous, qui est propre à les retenir.
» Il paraît, à les voir dans les précipices, qu'ils
» aient plutôt des ailes que des jambes, si grande
» est la force de leurs nerfs. La chasse du chamois
» est très-pénible, et extrêmement difficile ; celle
» qui est le plus en usage est de les tirer en les
» surprenant à la faveur de quelques éminences,
» de quelques rochers ou quelques pierres, en se
» glissant adroitement derrière et sans bruit, en
» examinant encore si le vent n'y sera pas con-
» traire. Quand on arrive à portée, on s'ajuste
» derrière ces éminences ou grosses pierres, en se

» couchant quelquefois , ôtant son chapeau, ne
» sortant que la tête et les bras pour faire adroi-
» tement un coup de fusil. Les armes dont on se
» sert sont des carabines rayées , bien ajustées
» pour tirer de loin avec une seule balle , qui est
» forcée dans le canon. On a autant de soin pour
» tenir ces armes nettes comme on en a pour tirer
» au prix de l'arquebuse. On fait aussi cette chasse
» comme on ferait celle du cerf ou autres animaux ,
» en postant quelques chasseurs dans les passages ,
» tandis que les autres vont faire la battue , et
» forcer le gibier. Il est plus à propos de faire
» ces battues par des hommes qu'avec des chiens ;
» les chiens dispersent trop vite les chamois , et
» les éloignent tout de suite de quatre ou cinq
» lieues. »

LE BOUQUETIN.

M. DE BUFFON regarde le bouquetin comme la
souche dont est provenue la chèvre commune ; et
quoique un peu plus grosse que cet animal , elle a
en effet beaucoup de ressemblance avec lui. La
tête du bouquetin est petite en proportion de son
corps ; il a les yeux ronds et brillans ; ses cornes ,
presque entièrement couvertes de nodosités circulaires , ont de deux à quatre pieds de longueur ;

elles sont aplaties par devant, arrondies par derrière, et d'une couleur brunâtre.

Ce quadrupède a la barbe longue, le corps ramassé, épais et fort, la queue courte et nue en dessous; son poil est long et d'un gris brunâtre, marqué d'une longue raie qui parcourt l'échine entière de l'animal. La femelle est d'un tiers plus petit que le mâle, et a beaucoup moins de corpulence; son pelage est d'une teinte plus claire, et la longueur de ses cornes excède rarement huit pouces.

Ces animaux se trouvent principalement sur les monts Pyrénées et sur les monts Carpathiens, sur les pics sourcilleux des Alpes et de la Crète, où ils se réunissent en troupeaux, qui se composent de dix ou quinze, et quelquefois d'un plus petit nombre : ils se nourrissent la nuit dans les bois situés sur des collines; mais au lever du soleil ils gravissent les montagnes, broutant pendant qu'ils marchent jusqu'à ce qu'ils soient parvenus à leurs cimes les plus élevées. On les voit ordinairement sur les côtés des hauteurs qui font face au levant et au midi; là ils se reposent dans les endroits les plus escarpés et les mieux exposés. Lorsque le soleil est prêt à disparaître de dessus l'horizon, ils descendent de nouveau dans les bois, et y passent la nuit.

On a fait l'observation que les mâles qui ont atteint l'âge de six ans et au-dessus fréquentent des endroits plus élevés que les femelles, ou que ceux de ces animaux qui sont encore jeunes, et que plus ils avancent en âge, plus ils aiment la solitude : ils s'endurcissent aussi par degrés au froid le plus rigoureux.

La saison qui convient à la chasse de ces quadrupèdes comprend les mois d'août et de septembre, époque à laquelle ils sont en bon état. Il n'y a cependant que les montagnards qui s'adonnent à cette chasse ; car, non-seulement elle exige la faculté de regarder, sans perdre la tramontane, au fond de précipices d'une profondeur incommensurable, mais encore beaucoup de force, d'activité et d'adresse. Dans ces occasions, deux ou trois chasseurs se réunissent armés de carabines rayées, et pourvus d'havresacs remplis de provisions ; ils élèvent une misérable hutte de gazon, où ils passent la nuit sans feu ; et le matin il leur arrive souvent de trouver, à leur réveil, l'entrée de cette cabane bloquée par trois ou quatre, quelquefois même six pieds de neige : lorsqu'ils poursuivent leur proie, ils se trouvent surpris souvent par l'obscurité au milieu des ravins et des précipices, et obligés de passer la nuit entière étroitement embrassés, pour se soutenir réciproquement et s'empêcher de glisser.

Comme ces animaux ont soin de gravir de très-bon matin aux plus hautes régions des montagnes, il est nécessaire de s'y rendre avant eux, sans quoi ils éventent les chasseurs, et s'enfuient à la distance de plusieurs milles. Telle est la force du bouquetin, que quand il est chargé par un chasseur inexpérimenté, il se jette sur lui, et le renverse dans des précipices, à moins que celui-ci n'ait la précaution de se jeter à terre, et de laisser l'animal sauter par-dessus sa tête. Quelques auteurs ont assuré que quand ces quadrupèdes ne peuvent se soustraire aux poursuites du chasseur, ils se précipitent d'eux-mêmes du haut des rochers, et tombent sur leurs cornes, de manière à ne pas se blesser, ou qu'ils se suspendent par cette espèce de ramure aux branches d'un arbre qui se projette au-dessus d'un abîme, et restent dans cette situation jusqu'à ce que celui qui les poursuit ait renoncé à ses tentatives infructueuses.

Nous tenons d'une autorité respectable que le bouquetin peut escalader un rocher perpendiculaire de quinze pieds de haut en trois bonds successifs de cinq pieds chaque, quoiqu'on n'y aperçoive aucune proéminence, aucune aspérité, aucune saillie qui puisse le soutenir ; et il semble qu'il ne touche au rocher que pour en être repoussé, comme un corps élastique qui frappe contre une substance dure. S'il se trouve entre deux rochers qui sont peu éloignés l'un de l'autre, il saute alternativement d'un côté de l'un à celui de l'autre, jusqu'à ce qu'il en ait atteint le sommet. A raison de ce qu'il a les jambes de devant beaucoup plus petites que celles de derrière, il monte avec beaucoup plus de facilité qu'il ne descend. Il n'y a donc que les temps les plus rigoureux qui puissent le porter à descendre dans les vallées.

La voix du bouquetin est une espèce de sifflement aigu qui ressemble à celui du chamois, et qui est de peu de durée. La femelle de cet animal produit rarement plus d'un petit à la fois, mais elle lui témoigne la plus grande tendresse.

LA CHÈVRE BLEUE.

Cet animal paraît avoir tiré son nom de sa couleur, qui est d'un beau bleu clair, et qui a un lustre semblable à celui du velours, lequel, quand il se passe, se change en un gris bleuâtre. Son ventre est blanc, et il a au-dessous de chaque œil, une grande marque blanche; sa queue a environ sept pouces de longueur, et se termine par un pinceau de poils longs. La chèvre bleue a les cornes tournées en arrière, et les trois quarts, à partir de la base , en sont ornés de vingt-quatre rainures circulaires ; mais le dernier quart est lisse, et se termine en pointe.

Cet animal se trouve principalement dans les parties les plus chaudes de l'Afrique.

LE GUIBE.

Le guibe est remarquable par des bandes blanches sur un fond de poil brun marron. Ces bandes sont disposés sur le corps en long et en travers, comme si c'était un harnois. De chaque côté de la croupe sont trois lignes blanches, dessinées dans une direction perpendiculaire. La couleur générale de son corps est un fond brunâtre, mêlé de taches sur les cuisses ; ses cuisses sont droites, recourbées, et longues d'environ neuf pouces. On voit souvent des troupeaux nombreux de ces quadrupèdes, dans les plaines et les bois du Sénégal et des autres parties de l'Afrique.

L'ANTILOPE BOSCH-BOCK.

Cet animal a environ trente pouces de hauteur, de longues cornes torses, qui penchent un peu en avant, et s'éloignent l'une de l'autre à leur centre. La couleur du corps est un brun foncé qui, dans quelques parties, approche du noir ; une longue raie de poils blancs s'étend du cou le long du dos et de la queue ; mais elle est presque entièrement cachée par de longs poils d'un brun foncé qui règnent sur toute l'étendue de l'échine : sur chacun des os de ses joues sont deux larges points blancs, et différens autres plus petits sont jetés sur ses hanches ; ses jambes sont grêles, ses pieds fort petits ; sa queue, quoique très-courte, est couverte de longs poils, qui s'étendent jusqu'à la partie extérieure de ses cuisses ; son nez et sa lèvre supérieure sont fournis de moustaches noires.

On chasse quelquefois ces animaux avec des chiens ; et il est à remarquer que lorsqu'ils sont poursuivis, ils couchent leurs cornes sur le derrière de leur cou, de peur qu'elles ne s'embarrassent dans les buissons : lorsqu'ils sont dévancés à la course, et qu'il ne leur reste aucun moyen de s'échapper, ils se mettent hardiment sur la défensive, et tuent fréquemment plusieurs des chiens les plus courageux avant de succomber.

LA GAZELLE ou L'ANTILOPE.

L'ANTILOPE, proprement dit, est un peu plus

petit que le daim; ses cornes, qui se font remarquer par une belle double flexion , ont environ quinze pouces de long , et sont entourées de cercles proéminens jusqu'à leurs extrémités , qui s'éloignent d'environ un pied l'une de l'autre. La couleur générale de ce quadrupède est un brun mêlé de rouge , mais le ventre et l'intérieur des cuisses sont blancs. L'antilope est originaire de la Barbarie, et de toutes les parties septentrionales de l'Afrique.

Ce bel animal a environ deux pieds et demi de haut sur trois pieds de long : l'intervalle entre ses cornes à leur base est à peu près d'un pouce; de là elles divergent par degrés à la distance de cinq pouces, puis elles rentrent en dedans, se rapprochent l'une de l'autre, et finissent par présenter l'écartement dont nous venons de parler : elles sont d'un noir foncé, lisses à leur extrémité, et terminées en pointes.

La couleur générale au dos et aux côtés de cet animal est un brun pâle : la poitrine, le ventre et les parties internes de ses membres sont blancs. Il en est de même de la tête, qui néanmoins est marquée d'une bande d'un brun foncé , dont la longueur s'étend de chaque coin de la bouche jusqu'à la base des cornes : une bande de la même couleur s'étend aussi depuis les épaules jusqu'aux hanches, et forme une ligne de démarcation entre la blancheur éblouissante du ventre et le brun pâle des côtés : ses fesses sont blanches, et une bande de blanc, bordée de chaque côté par une autre d'un brun foncé, s'étend de la queue jusqu'au derrière des cuisses ; la queue est grêle, et sa partie inférieure n'est pas plus grosse qu'un tuyau de plumes. Le pelage de ce quadrupède, qui est très-beau, est très-court ; mais le poil des bandes noires est plus long que celui du reste du corps. Il est aussi curieux que plaisant, lorsqu'on va à la poursuite de ces animaux, de les voir bondir à des hauteurs considérables les uns sur la tête des autres ; il en est qui font successivement trois ou quatre sauts. Ils paraissent alors comme suspendus en l'air, regardant au-dessus de leurs épaules, et montrant un dos blanc comme l'albâtre. Ils sont si vites à la course, qu'il est très-peu de chevaux qui puissent les atteindre.

L'antilope blanc est un habitant d'Afrique, et des troupeaux de plusieurs milliers de ces quadrupèdes couvrent les plaines du voisinage du cap de Bonne-Espérance.

LE SAÏGA.

La forme générale de ce quadrupède ressemble à celle de la chèvre commune, mais ses cornes sont celles d'un antilope; elles sont d'un clair fauve pâle, marquées de cercles proéminens, et ont environ un pied de long. L'hiver, le mâle est couvert d'un poil rude et grossier comme celui de la chèvre, mais celui de la femelle est doux au toucher. Cette dernière n'a pas de cornes. La couleur du saïga est un gris mêlé de fauve, mais son ventre est blanc. Dans l'état sauvage, ce quadrupède ne fait jamais entendre sa voix; mais les jeunes, quand ils sont apprivoisés, ont une espèce de bêlement semblable à celui de l'agneau.

Vers la fin de l'automne, on voit de grands troupeaux de ces quadrupèdes, dont le nombre s'élève à plusieurs milliers, qui, aux approches de l'hiver, font des migrations vers le midi, et reviennent au printemps en plus petites troupes, vers les grands déserts de la Stirie, de la Moldavie, du mont Caucase, et de la Sibérie. Il arrive rarement qu'un troupeau entier sommeille en même temps; il y a toujours quelques-uns de ces animaux qui font sentinelle : quand ceux-ci sont fatigués, ils réveillent ceux qui se reposent, et ces derniers viennent aussitôt les relever. Avec cette

vigilance, ils parviennent à se préserver des attaques des loups et des ruses insidieuses des chasseurs. Ils sont doués d'une si grande vitesse, qu'ils
peuvent devancer à la course les meilleurs chevaux et les plus forts levriers. Leurs pieds semblent à peine toucher à terre, mais ils sont d'une
si grande timidité, et ont l'haleine si courte, qu'on
les prend facilement. S'ils éprouvent la moindre
morsure d'un chien, ils tombent aussitôt, et ne
cherchent plus à se relever. La grande ardeur du
soleil, et les reflets de ses rayons sur les plaines
sablonneuses qu'ils fréquentent, les rendent presque aveugles en été, et sont encore une autre cause
de leur destruction.

Les femelles de ces animaux mettent bas au
mois de mai, mais elles ne donnent qu'un petit à
la fois. On mange quelquefois leur chair, quoique
beaucoup de gens en trouvent le goût fort désagréable. La peau et les cornes sont un objet de
commerce fort important.

CHAPITRE IV.

LE CHIEN.

« Le chien, dit M. de Buffon, indépendamment
» de la beauté de ses formes, de sa vivacité, de sa
» force, de sa légèreté, a par excellence toutes les
» qualités intérieures qui peuvent lui attirer les
» regards de l'homme. Un naturel ardent, colère,
» même féroce et sanguinaire, rend le chien sau-
» vage, redoutable à tous les animaux, et cède,
» dans le chien domestique, aux sentimens les
» plus doux, au plaisir de s'attacher et au désir
» de plaire; il vient, en rampant, mettre aux pieds
» de son maître son courage, sa force, ses talens ;
» il attend ses ordres pour en faire usage : il le
» consulte, il l'interroge, il le supplie; un coup-
» d'œil suffit; il entend les signes de sa volonté:
» sans avoir, comme l'homme, la lumière de la
» pensée, il a toute la chaleur du sentiment ; il a
» de plus la fidélité, la constance dans ses affec-
» tions ; nulle ambition, nul intérêt, nul désir de
» vengeance, nulle crainte que celle de déplaire ;
» il est tout zèle, tout ardeur, et tout obéissance ;

» plus sensible au souvenir des bienfaits qu'à ce-
» lui des outrages, il ne se rebute pas par les
» mauvais traitemens ; il les subit, les oublie,
» ou ne s'en souvient que pour s'attacher davan-
» tage ; loin de s'irriter ou de fuir, il s'expose
» de lui-même à de nouvelles épreuves ; il lèche
» cette main, instrument de douleur, qui vient de
» le frapper ; il ne lui oppose que la plainte, et la
» désarme enfin par la patience et la soumission.

« Plus docile que l'homme, plus souple qu'au-
» cun des animaux, non-seulement le chien s'in-
» struit en peu de temps, mais même il se con-
» forme aux mouvemens, aux manières, à toutes
» les habitudes de ceux qui lui commandent ; il
» prend le ton de la maison qu'il habite ; comme
» les autres domestiques, il est dédaigneux chez
» les grands, et rustre à la campagne : toujours
» empressé pour son maître, et prévenant pour
» ses seuls amis, il ne fait aucune attention aux
» gens indifférens, et se déclare contre ceux qui,
» par état, ne sont faits que pour importuner ; il
» les connaît aux vêtemens, à la voix, à leurs
» gestes, et les empêche d'approcher. Lorsqu'on
» lui a confié pendant la nuit la garde de la mai-
» son, il devient plus fier, et quelquefois féroce ;
» il veille, il fait la ronde, il sent de loin les étran-
» gers ; et pour peu qu'ils s'arrêtent ou tentent de

» franchir les barrières, il s'élance, s'oppose, et
» par des aboiemens réitérés, des efforts et des
» cris de colère, il donne l'alarme, avertit et com-
» bat : aussi furieux contre les hommes de proie
» que contre les animaux carnassiers, il se préci-
» pite sur eux, les blesse, les déchire, leur ôte ce
» qu'ils s'efforçaient d'enlever ; mais content d'a-
» voir vaincu, il se repose sur les dépouilles, n'y
» touche pas, même pour satisfaire son appétit,
» et donne en même temps des exemples de cou-
» rage, de tempérance et de fidélité. »

Cet utile animal se trouve, dans l'état sauvage,
à Congo dans l'Éthiopie inférieure, dans le midi
et le nord de l'Amérique, à la Nouvelle-Hollande,
et dans différentes autres contrées du globe. La
femelle porte environ soixante jours, et produit
ordinairement de quatre à dix petits par ventrée :
ces petits naissent communément les yeux fermés ;
leurs paupières ne sont pas simplement collées,
mais adhérentes par une membrane qui se déchire
lorsque le muscle de la paupière supérieure est
devenu assez fort pour la relever et vaincre cet
obstacle. D'abord ils sont d'une forme grossière,
et imparfaitement dessinés ; mais leur croissance
est rapide, et ils acquièrent bientôt l'usage de
tous leurs sens.

Il serait inutile de s'étendre sur la description

ou sur les qualités particulières de ces animaux
si connus ; il serait impossible aussi de donner,
dans le cadre de cet ouvrage, l'énumération de
toutes les variétés de chiens, ou de distinguer
les marques par lesquelles chaque espèce est facile
à discerner ; nous nous contenterons donc de
mettre sous les yeux de nos lecteurs des anecdotes
authentiques, curieuses et amusantes, sur la sagacité,
l'attachement et la fidélité de ces quadrupèdes.

Plutarque nous apprend qu'il fut témoin à
Rome de l'étonnante sagacité d'un chien qui appartenait à un homme chargé alors de la mise
en scène d'une farce dans laquelle il y avait un
grand nombre de rôles qu'il était chargé d'enseigner aux acteurs, avec différentes caricatures convenables au sujet de la pièce et aux passions re-
présentées. Parmi ces différens rôles à jouer, était
celui d'un personnage qui devait prendre un poison
soporatif, tomber, lorsqu'il l'aurait bu, dans une
espèce d'assoupissement léthargique, et contrefaire
les mouvemens d'une personne qui se meurt. Le
chien, qui avait étudié différens autres gestes et
postures, après avoir donné à celui-ci plus
d'attention qu'aux autres, prit un morceau de
pain qu'il trempait dans une boisson, et contrefit
après l'avoir mangé, un tremblement universel,
puis des vertiges et des convulsions : s'étendant

ensuite par terre, il y prit l'attitude d'un être
privé de la vie, se prêta à ce qu'on le traînât
hors de la scène pour être transporté dans le
lieu destiné aux sépultures, comme le sujet de
la comédie l'exigeait ; appréciant ensuite le temps
écoulé, il commença à se mouvoir comme s'il
sortait d'un profond sommeil ; puis, à l'étonnement de tous les spectateurs, il se leva, regarda autour de lui, et vint trouver son maître
en manifestant le plus grand contentement, et en
lui prodiguant les caresses les plus affectueuses.
Tous les spectateurs, et Vespasien lui-même,
en furent émerveillés.

Tout Paris a admiré l'inconcevable instinct, nous
dirions même l'intelligence du fameux *Munito*,
qui jouait aux cartes, aux dominos ; indiquait
l'heure que marquait une montre ; recevait de
quiconque voulait lui mettre à la gueule, un échantillon d'étoffe, et trouvait ensuite dans la compagnie la dame dont la robe était de la même
couleur que cet échantillon ; et faisait mille autres
exercices vraiment étonnans.

L'exemple suivant de l'intelligence et de l'attachement d'un chien est rapporté dans le *Monthly
Magasine* d'avril 1802 :

Ces vallées ou *glens*, telles qu'elles sont appe-
lées par les habitans du pays, et qui séparent les

monts Grambiens, sont principalement habitées par des bergers; les pâturages, dans lesquels chaque troupeau a le droit de paître, s'étendent en tous sens à plusieurs milles. Jamais le berger n'a la perspective entière de son bétail, à moins qu'il ne le réunisse pour le vendre ou pour le tondre; son occupation consiste à parcourir tous les jours, les unes après les autres, les différentes extrémités de ces pâturages, et à ramener ceux de ses moutons qui s'écartent du troupeau ou s'approchent de trop près des limites de ses voisins.

Un berger était dans l'habitude d'emmener avec lui, dans ces excursions journalières, un de ses enfans, âgé d'environ trois ans : cet usage est pratiqué par tous les habitans des montagnes d'Écosse, qui accoutument de bonne heure leurs enfans à endurer les rigueurs du climat. Le berger, après avoir traversé son pâturage, accompagné de son chien, se trouva dans la nécessité de se porter au sommet d'une montagne, à quelque distance de là, pour avoir une vue plus étendue du pays: comme il y avait trop à monter pour son enfant, il le laissa dans la plaine, avec l'ordre le plus exprès de ne pas bouger de place jusqu'à son retour. A peine était-il parvenu à la cime de cette montagne que l'horizon fut aussitôt obscurci par l'un de ces impénétrables brouillards qui descendent fréquemment avec tant de rapidité sur les hauteurs, que, dans l'espace de quelques minutes, ils changent les jours en nuits. Le père, accablé d'inquiétude, descendit en courant à l'endroit où était son enfant; mais dans l'obscurité et l'agitation où il était, il perdit son chemin : après une recherche infructueuse de quelques heures au milieu des marais et des cataractes dont ces montagnes abondent, il fut enfin surpris par la nuit la plus obscure, en errant çà et là, sans savoir où il portait ses pas. Étant parvenu enfin avec beaucoup de peine, à découvrir la lisière du brouillard, il s'aperçut, au clair de la lune, qu'il était arrivé au fond de la vallée, et qu'il était à une très-petite distance de sa chaumière. Il eût été pour lui aussi dangereux qu'inutile de continuer ses recherches; il se trouva donc obligé de retourner à sa cabane, après avoir perdu son enfant, et son chien qui, depuis plusieurs années, était son compagnon fidèle.

Le lendemain matin, à la pointe du jour, le berger, suivi d'une foule de paysans, se mit à la recherche de son enfant ; mais après avoir passé la journée entière à se fatiguer inutilement, il fut enfin obligé sur le soir de descendre de la montagne. En revenant à sa chaumière, il apprit que le chien qu'il avait perdu la veille, après être venu à la maison et avoir reçu un morceau de pain, s'était aussitôt enfui. Pendant plusieurs jours de suite, le berger ne cessa de courir à la recherche de son enfant, et toujours en revenant vers la brune à sa chaumière, il apprenait que son chien avait paru, et qu'il s'était enfui après avoir reçu sa pitance ordinaire. Frappé de cette singulière circonstance, il resta un jour à la maison; et lorsque le chien partit comme à l'ordinaire avec son morceau de pain, il résolut de le suivre et de connaître le motif de cette conduite extraordinaire. Ce chien prit la route d'une cataracte située à quelque distance de l'endroit où le berger avait laissé son enfant; les bords de cette cataracte, réunis presque entièrement à leurs extrémités, mais séparés par un abîme d'une profondeur immense, présentaient aux regards effrayés cet aspect qui cause si souvent tant d'effroi au voyageur égaré dans les monts Grambiens, et indiquaient en même temps que ces lagunes ne sont pas l'ouvrage silencieux du temps, mais l'effet soudain de quelque violente convulsion de la nature. Le chien, sans hésiter, descendit dans l'un de ces précipices d'une profondeur presque perpendiculaire, et enfin disparut dans une caverne dont l'ouverture était presque de niveau avec le terrain. Le berger l'y suivit avec beaucoup de difficulté ; mais quelles furent ses émotions en entrant dans la caverne , lorsqu'il vit cet enfant manger avec beaucoup de satisfaction le morceau de pain que le chien venait de lui apporter , tandis que ce fidèle animal se tenait à côté de lui en regardant d'un œil de complaisance son petit protégé !

D'après la situation dans laquelle le père trouva cet enfant , il paraît qu'il s'était écarté jusqu'au bord du précipice , et qu'il y avait roulé jusqu'à ce qu'il fût parvenu au bord de la caverne , où la peur de la chute du torrent l'avait comme enchaîné ; et que le chien , qui l'avait suivi à la piste, l'avait préservé de mourir de faim, en lui apportant sa ration journalière : il paraît aussi qu'il ne quitta cet enfant ni le jour ni la nuit, à l'exception des instans où il allait chercher sa nourriture ; instans où on le voyait courir de toutes ses forces , en venant à la chaumière ou en retournant à la caverne.

On apprend au chien à aller au marché avec de l'argent , à se rendre à une boutique connue , et à en rapporter les provisions à la maison. Il y a quelques années qu'une personne , demeurant à une barrière de Stratford-sur-Avon , c'est-à-dire à une demi-lieue de cette ville , avait habitué un chien à y aller chercher quelques objets d'épicerie et de mercerie dont elle avait besoin ; elle liait au cou du chien la note des objets désirés; ces articles étaient attachés de la même manière; et dans ces commissions, l'officieux messager rapportait le tout à la maison dans le meilleur état.

Smellie, dans sa Philosophie de l'histoire naturelle, rapporte qu'un épicier d'Edimbourg avait un chien qui amusa et surprit pendant quelque temps les gens de son voisinage. Un homme, qui parcourait les rues de cette ville en faisant sonner une sonnette et en vendant des petits pâtés, prit un jour fantaisie d'en donner un à ce chien : le lendemain cet animal, en entendant le bruit de la sonnette, courut vers le marchand, le prit par l'habit, et ne voulut pas le laisser passer. Le pâtissier, qui comprit ce que le chien désirait, lui fit voir un penny (pièce de deux sous), et lui montra en même temps son maître qui était debout sur le seuil de sa porte; le chien aussitôt adressa à l'épicier les supplications les plus humbles par ses gestes et par ses regards; et, en ayant obtenu un penny, il le porta aussitôt dans sa gueule à l'homme, et en reçut un pâté. Ce commerce entre le chien, l'épicier et le pâtissier, dura constamment pendant plusieurs mois.

L'anecdote suivante est tirée des observations de Dibdin pendant une tournée faite en Angleterre : « A une maison hospitalière, dit cet écrivain, vingt pauvres étaient servis à dîner à une certaine heure du jour; un chien qui appartenait à ce couvent, ne manquait jamais d'assister à ce repas pour recevoir quelques débris qu'on lui jetait de temps à autre. Les convives cependant étaient fort pauvres, pourvus d'un fort appétit, et par conséquent loin d'être prodigues de ce qu'on leur donnait; de sorte que leur pensionnaire ne faisait guère que respirer l'odeur d'un repas auquel il aurait voulu prendre part. Les portions étaient servies par une personne aussitôt qu'on avait tiré une cloche, et livrées par le moyen de ce qu'on appelle, dans les maisons religieuses, *un tour;* cette machine ressemble à une section de tonneau, et, en tournant sur un pivot vertical, elle présente ce qui est placé dans sa partie concave sans découvrir la personne qui l'a fait mouvoir. Un jour le chien, qui n'avait reçu que quelques croûtes de pain, attendit que les pauvres fussent tous partis, prit le cordon de la sonnette dans sa gueule, et le tira de toutes ses forces. Son stratagême ayant réussi, il y eut recours le lendemain avec le même succès. Enfin le cuisinier, s'apercevant qu'il avait donné vingt et une portions au lieu de vingt, voulut découvrir la ruse; ce qu'il n'eut pas beaucoup de peine à faire : car, s'étant caché et ayant observé les mendians les uns après les autres, comme ils venaient chercher leur pitance, et remarqué qu'il n'y avait d'autres intrus que le chien, il commença à se livrer à des soupçons qui furent bientôt confirmés, lorsqu'il vit cet animal attendre avec beaucoup de patience et de délibération que les pauvres fussent sortis, et sonner ensuite la cloche. Cette aventure fut racontée aux moines, qui pour recompenser le chien de son adresse et de la sagacité dont il avait fait preuve, lui laissa tirer le cordon de la cloche tous les jours et lui fit servir aussitôt après un plat de brides, c'est-à-dire des restes de viandes touchées.

Dans l'année 1796, un fermier d'un village près de Southwick, dans le comté de Hants, avait un petit épagneul brun, qui, étant dans l'habitude d'accompagner son maître à la chasse sur les terres de son voisinage, prit tellement du goût pour ce plaisir, qu'il sortait pendant la nuit pour courir les champs, toutes les fois qu'il pouvait déterminer quelques autres chiens à le suivre; il revenait toujours avec du gibier dans la gueule. Son maître, qui craignait de désobliger ses voisins, en fut tellement affecté, qu'il ordonna à ses gens d'enfermer tous les soirs cet animal. Quelques jours après que cet ordre fut donné, un domestique ayant par oubli laissé la porte ouverte, l'épagneul s'échappa pour continuer ses excursions nocturnes, et on ne s'aperçut de son absence que le lendemain à trois heures du matin, c'est-à-dire lorsqu'un bruit affreux causé par les aboiemens d'un chien, alarma le fermier, qui sauta à bas de son lit, prit ses armes à feu, et descendit l'escalier : en entrant dans sa cour il vit, à son grand étonnement, ses canards attachés par les pieds, et qui se débattaient sur le pavé. Il paraît que l'épagneul, en revenant de la chasse, avait sauté par-dessus la haie, et surpris le voleur occupé à s'emparer de la volaille dans le poulailler, et qu'ayant aussitôt mis à terre son gibier, il avait aboyé de toutes ses forces pour réveiller les autres chiens, et sauvé par ce moyen la basse-cour. Le fermier tira sur le voleur, mais sans l'atteindre, et celui-ci disparut.

Les attentions du chien, dans sa manière de diriger les pas des aveugles, sont dignes de fixer l'attention. Il est peu de personnes, soit de Londres, soit de Paris, qui n'aient vu quelques-uns de ces êtres infortunés ainsi conduits dans les rues, où ils vont solliciter la charité des passans.

M. Ray, dans sa Synopsie des quadrupèdes, parle d'un mendiant aveugle qui était ainsi mené par un chien d'une moyenne taille. Indépendamment des soins qu'il prenait pour garantir son maître de toute espèce de danger, il s'appliquait à distinguer les rues et les maisons où il avait coutume de recevoir des aumônes, au moins deux ou trois fois par semaine, et ne les quittait pas qu'il ne se fût arrêté à toutes les boutiques où cet aveugle obtenait quelque secours. Dès que le mendiant commençait à demander l'aumône, le chien se couchait pour se reposer ; mais l'aveugle n'avait pas plutôt réussi dans ses sollicitations, que l'animal se levait de son propre mouvement, sans aucun ordre ou signal, et passait à d'autres maisons qui faisaient la charité à son maître. J'observais, dit M. Ray, avec autant de satisfaction que de surprise, que toutes les fois qu'on jetait dans les rues une pièce de monnaie par une fenêtre, telle était la sagacité et la pénétration de ce chien, qu'il la ramassait avec sa gueule, et la mettait dans le chapeau de l'aveugle ; quand on lui jetait même du pain, l'animal n'y touchait qu'autant qu'il le recevait de la main du mendiant.

En 1760, comme un marinier de Hammer-Smith dormait dans son bateau, sa nacelle se détacha de la côte, et fut portée par la marée contre une grande barque de charbon. Heureusement pour l'homme, son chien était avec lui, et cet intelligent animal le réveilla en lui donnant des coups de patte sur la figure, et en le tirant par le col de sa chemise au moment où son bateau se remplissait d'eau. Ce marinier, averti à temps, prit son écope, vida la nacelle, et parvint à se sauver d'un danger qui sans son chien lui eût infailliblement coûté la vie.

En 1791, une personne vint arrêter un logement dans une maison à Deptford, sous le prétexte qu'elle arrivait des Indes occidentales ; et après être convenue du prix, elle dit au propriétaire qu'elle enverrait sa malle dans l'après-dînée, et viendrait elle-même le lendemain matin. Sur les neufs heures du soir la malle fut apportée par deux commissionnaires, et montée dans la chambre à coucher. Au moment où les gens allaient se mettre au lit, le petit chien de la maison, quittant brusquement son poste ordinaire, qui était la boutique, alla se poster à la porte de la chambre où la malle était déposée, et se mit à aboyer de toutes ses forces. Du moment qu'on ouvrit cette chambre, le chien courut vers la malle, et la gratta avec ses pattes, et se mit à japper avec plus de fureur qu'auparavant. On voulut le chasser de cette pièce, mais ce fut en vain. Les gens de la maison, après avoir appelé des personnes du voisinage pour les rendre témoins de la circonstance, se mirent à traîner cette malle dans la chambre ; mais ils s'imaginèrent bientôt qu'elle contenait quelque chose de vivant. Ces soupçons se fortifiant de plus en plus, ils se décidèrent à en forcer la serrure, et à leur grand étonnement, ils y reconnurent leur nouveau locataire, qui s'était fait ainsi porter à leur hôtel, dans le dessein de les voler.

Un négociant, auquel il était dû de l'argent, monta un jour à cheval pour l'aller toucher; il était accompagné de son chien. Après avoir reçu cet argent, il attacha le sac qui le contenait au pommeau de sa selle, et se mit en route pour retourner à la maison. Son chien, comme s'il eût goûté la satisfaction du maître, sautait et aboyait devant son cheval, en paraissant prendre part à son allégresse.

Ce négociant, après avoir parcouru quelques milles, descendit de cheval pour se reposer à l'ombre d'un épais feuillage, et détacha son sac d'argent de sa selle; il le mit à côté de lui sous une haie, mais il l'oublia de le prendre en remontant. Le chien s'aperçut de ce manque d'attention, et voulant y remédier, il courut chercher le sac, qui malheureusement était beaucoup trop lourd pour lui : il revola en conséquence vers son maître ; et en criant, aboyant et hurlant de toutes ses forces, il voulut l'avertir de son oubli. Le négociant ne comprit pas son langage; mais l'animal persévéra dans ses efforts, et, enfin, après avoir long-temps cherché à arrêter le cheval, il se mit à mordre les talons du cavalier.

Le marchand, qui était absorbé dans ses réflexions, loin de deviner le véritable motif des importunités de son fidèle serviteur, se mit dans la tête l'idée effrayante qu'il était enragé : en proie à cet horrible soupçon, il regarda derrière lui, en traversant un ruisseau, pour voir si le chien boirait. L'animal était trop occupé des intérêts de son maître, pour songer à ce qui le concernait lui-même ; il continua d'aboyer et de le mordre avec plus de violence qu'auparavant. « Grands dieux ! s'écrie le marchand affligé, c'est bien cela : mon pauvre chien est certainement attaqué de la rage..... Que dois-je faire !.... Il faut que je le tue, de peur qu'un plus grand malheur ne m'arrive. Quels regrets cela me cause !.... Si je pouvais trouver quelqu'un qui se chargeât pour moi de ce cruel office ! Mais il n'y a pas de temps à perdre ; si j'épargne ses jours, je puis moi-même devenir victime de mon indulgence. » En disant ces mots, il prit un pistolet dans l'une de ses fontes, ajusta d'une main tremblante le malheureux chien, et tira sur lui en détournant la tête, mais le coup porta ; le pauvre animal tomba blessé, et quoique baigné dans son sang, il chercha à se traîner vers son maître, comme pour l'accuser d'ingratitude. Le négociant ne put supporter cette vue ; il piqua des deux, le cœur navré, et se lamenta d'avoir fait un voyage qui lui coûtait si cher. Son argent néanmoins ne lui revenant toujours pas dans la mémoire, il ne songea qu'à son chien fidèle, et chercha à se consoler de sa disgrâce par cette réflexion, qu'en tuant une bête enragée, il avait évité un mal plus grand que celui qu'il éprouvait de sa perte. Cependant cette observation, au lieu de verser un baume salutaire sur les plaies de son cœur, ne fit que les envenimer. Je suis le plus malheureux des hommes, s'écria-t-il ; il eût mieux valu pour moi, perdre mon argent que mon chien. » En disant ces mots, il étendit machinalement la main sur l'arçon de sa selle pour la porter à son sac ; mais il ne le trouva plus. Ses yeux s'ouvrirent aussitôt sur sa témérité et sur sa folie. « Misérable que je suis ! se dit-il à lui-même ; je suis le seul à blâmer ; je n'ai pas su comprendre les avertissemens qu'un fidèle et innocent animal me donnait, et je l'ai immolé à son excès de zèle : il ne voulait que m'instruire de mon erreur, et il a payé de sa vie son extrême fidélité. »

Détournant la bride de son cheval, il se rendit au galop à l'endroit où il s'était arrêté pour se reposer : chemin faisant, il vit, en baissant les yeux, le théâtre où s'était passé la scène qui lui coûtait tant de regrets, et il aperçut des traces de sang à mesure qu'il avançait ; mais c'est en vain qu'il chercha son chien ; il n'était plus sur la route : enfin, il arriva près de l'ombrage où il s'était assis. Mais là, quelles furent ses émotions ! son cœur saigna de douleur, et dans son accès de désespoir, il se détesta lui-même de s'être rendu coupable d'une aussi grande injustice. Le pauvre chien, hors d'état de suivre son cher, mais cruel maître, avait résolu de consacrer ses derniers momens à le servir : il s'était traîné tout sanglant vers le malheureux sac oublié, et malgré les souffrances les plus affreuses, il veillait encore à sa sûreté. Lorsqu'il vit son maître, il lui témoigna sa joie en agitant sa queue ; mais il ne put en faire davantage, ses forces étaient épuisées, il respirait avec peine, et les caresses de son meurtrier ne prolongèrent sa vie que de quelques instans. Il étendit la langue pour lécher la main qui le caressait dans son agonie, comme pour lui demander grâce de lui avoir ôté le jour ; jetant ensuite un regard de tendresse sur son maître, il ferma les yeux pour toujours.

Un chien favori appartenant à un gentilhomme anglais, avait perdu ses bonnes grâces, par des défauts tellement grâves, que son maître s'était vu dans la nécessité d'ordonner qu'on le tuât. Mais le condamné sut éluder la sentence, en prenant la fuite.

Un an après, comme ce gentilhomme voyageait en Écosse, accompagné d'un seul domestique, un violent orage l'obligea de se réfugier dans une auberge située à quelque distance du chemin, et l'orage continuant, il se décida à y passer la nuit. Quelle fut sa surprise de retrouver dans ces lieux son ancien favori !

Tout ce qu'il put recueillir de l'histoire de cet animal depuis l'époque où il s'était enfui, c'est qu'un jour il avait suivi des marchands de bœufs qui étaient venus se rafraîchir dans cette hôtellerie ; que la route lui ayant fait mal aux pieds, il était resté dans cette maison. Aux caresses que lui prodiguait son ancien maître, le chien ne repondait que par des signes non équivoques pour l'entraîner hors de l'auberge.

Le lord ayant l'intention de se lever de grand matin, pour réparer le temps perdu dans cette soirée, dit à la domestique de le conduire à sa chambre. Comme il traversait la pièce qui communiquait avec la salle à manger, il surprit l'aubergiste et sa femme enfoncés dans une conversation fort sérieuse avec trois hommes enveloppés de grands manteaux, qui paraissaient avoir fait tête à l'orage, et s'occuper de ranimer leurs forces ; car l'aubergiste et sa femme leur versaient des rasades d'eau-de-vie. Arrivés à l'endroit où il devait coucher,

T. 2.

le chien s'opposa fortement à ce que son maître entrât dans la chambre. A la fin, quand on y eut pénétré, après avoir caressé son maître, il employa, dans un langage auquel il ne manquait que la parole, les moyens de persuasion les plus affectueux, et descendit l'escalier, comme pour l'inviter à en faire autant. Cette sollicitude extraordinaire ne pouvait échapper à l'attention du maître et du domestique. « Si j'en crois les pronostics, dit sa seigneurie, il y a tout lieu de croire qu'il se passe quelque chose de criminel dans la maison. » — « Il y a long-temps que je l'ai moi-même pensé, reprit le domestique, et je désirerais pour beaucoup que votre seigneurie se fût laissée traverser jusqu'aux os en continuant sa route, plutôt que de nous être arrêtés ici. Il est trop tard maintenant de parler de regrets et de désirs, reprit le lord. Nous ne sommes pas tout-à-fait sans moyens de défense, et celui de nous deux qui concevra quelque alarme fondée en fera part à l'autre; au bout du compte, tout cela peut bien n'être que l'effet de notre imagination. »

L'anxiété du chien pendant cette conversation ne peut se rendre, et il se mit à gratter à la porte d'un cabinet, comme pour indiquer de le visiter. Le domestique essaya vainement de l'ouvrir. « Qui peut, dit-il, exciter le chien à gratter de celte force ? »—« C'est ce que je veux savoir, » répondit le lord en poussant la porte du cabinet avec violence ; à peine l'eut-il enfoncée que le chien le conduisit à une espèce de trappe, où se trouvait un sac contenant le cadavre d'un homme assassiné.... Alors le chien considéra d'un air de compassion son maître, en léchant ses mains pour lui témoigner sa satisfaction de ce que ce mystère d'iniquité était découvert.

Le lord et son domestique passèrent la nuit de manière à dissimuler qu'ils connussent tout ce qui se passait dans l'auberge, mais en faisant connaître aussi par leur conversation qu'ils étaient sur leurs gardes, bien armés, et bien résolus de se défendre vigoureusement si on les attaquait ; de sorte que les misérables n'osèrent rien entreprendre contre eux.

Il fut ensuite prouvé qu'un voyageur avait été assassiné la nuit qui avait précédé l'arrivée du lord, à ce séjour de crimes ; la justice s'empara des coupables, et les punit du dernier supplice.

Le lord fut tellement touché de la manière dont il avait échappé au poignard de ces brigands, qu'il eut le plus grand soin de son chien fidèle auquel il devait la vie, et le ramena de cette maison ou plutôt de ce coupe-gorge, dans son hôtel où les caresses d'une famille reconnaissante, ainsi qu'un état de tranquillité non interrompu, et des prévenances de toute espéce, lui furent accordés pendant le reste de sa vie.

Nous ne parlerons pas ici de l'histoire du chien célèbre d'Aubry de Montdidier, qui combattit avec le chevalier Desmayeux, accusé d'avoir assassiné son maître, et lui arracha l'aveu de ce crime. Cette histoire est trop connue de nos lecteurs; mais le trait suivant est un des exemples les plus étonnans de la fidélité de cet animal.

Dans le comté de Ulster, en Pensylvanie, vivait un homme nommé Lefèvre; il était petit-fils d'un Français qui avait été obligé de fuir son pays à la révocation de l'édit de Nantes : on aurait pu, avec raison, l'appeler *le dernier* homme du monde, car il possédait une plantation sur les bords d'une vallée près des montagnes Bleues, refuge des bêtes fauves. Cet homme, dont la famille se composait de onze enfans, fut fort surpris un jour de ne pas voir le plus jeune, âgé de quatre ans, qui avait disparu sur les dix heures du matin. Le père et la mère le cherchèrent quelque temps en vain dans les champs ; désespérés de cet événement, ils allèrent avec leurs voisins à la découverte, et s'enfoncèrent dans l'épaisseur du bois, qu'ils battirent avec la plus scrupuleuse attention, mille fois ils l'appelèrent par son nom, et ils n'en reçurent aucune reponse : ils se réunirent au pied de

la montagne des Châtaigniers, sans pouvoir, les uns
ni les autres, donner les moindres nouvelles de
l'enfant. Après s'être reposés quelques instans,
ils se partagèrent de nouveau en différentes bandes, et, aux approches de la nuit, les parens,
dans leur désespoir, ne voulurent jamais consen-
tir à retourner à leur domicile, à raison de ce
que leur inquiétude pour cet enfant s'accroissait
encore par la crainte qu'ils avaient des chats sauvages, animaux si terribles dans ce pays, que les
habitans résistent difficilement à leur attaque.
Leur imagination troublée leur présentait l'horrible idée de la présence d'un loup ou de quelque
autre bête féroce, prête à dévorer ce petit innocent. « Dérick! mon cher Dérick! où es-tu? » s'é-
criait la mère, de l'accent de voix le plus touchant;
mais c'était en vain. Dès que le jour parut, ils
renouvelèrent leurs recherches avec aussi peu de
succès que la veille; heureusement, néanmoins, un
sauvage, chargé de pelleteries, et qui venait d'un
village voisin, entra dans la maison de Lefèvre
pour se reposer, comme il avait coutume de le
faire en voyageant dans cette partie du pays. Fort
étonné de ne trouver à la maison qu'une vieille
négresse, qui y était retenue par ses infirmités : « Où
est ton maître? » s'écria l'Indien. « Hélas! reprit la
négresse, il a perdu son petit Dérick, et tout le

voisinage est occupé à courir après lui dans les bois. » Il était alors trois heures du soir : Sonne du cor, dit l'Indien, et tâche de rappeler ton maître à la maison. » La vieille sonna du cor, et aussitôt que le père fut revenu, l'Indien lui demanda les derniers bas et les derniers souliers que le petit Dérick avait portés; il ordonna alors à son chien, qu'il avait amené avec lui, de les flairer : puis, prenant la maison pour centre d'un rayon, il décrivit autour d'elle un cercle du diamètre d'un quart de mille, en ordonnant à son chien de quêter partout où il le menait. Le cercle n'était pas entièrement parcouru, lorsque l'animal se mit à aboyer. Le son de sa voix transmit une faible lueur d'espérance au père et à la mère, qui étaient inconsolables. Le chien, en suivant les émanations du corps de l'enfant, aboya de nouveau; chacun s'empressa de le suivre; mais on le perdit bientôt de vue dans les bois; une demi-heure après on l'entendit encore, et bientôt on le vit revenir. La contenance de ce pauvre animal était visiblement changée; un air de gaîté et de satisfaction semblait l'animer, et ses gestes indiquaient que ses recherches n'avaient pas été infructueuses. « Je suis sûr qu'il a retrouvé l'enfant, » dit l'Indien ; mais le point le plus inquiétant était de savoir si c'était mort ou en vie. L'Indien courut aussitôt sur les pas de son chien, qui le conduisit au pied d'un gros arbre, où l'enfant était couché dans un état de faiblesse qui approchait de la mort ; il le prit tendrement dans ses bras, et l'apporta à ses parens.

Heureusement ils étaient en quelque sorte préparés à cet événement, et s'étaient munis de tout ce qui était nécessaire pour le restaurer ; leur joie fut si grande, qu'il se passa plus d'un quart d'heure avant qu'ils pussent témoigner leur reconnaissance à celui qui leur avait rendu leur enfant : après avoir baigné de larmes le visage de ce petit malheureux, ils se jetèrent au cou de l'Indien, dont le cœur était à l'unisson de celui de ces sensibles parens. Leur gratitude s'étendit jusqu'au chien ; ils le caressèrent avec un plaisir inexprimable, comme l'être dont la sagacité était parvenue à retrouver le gage de leur tendresse, et le firent participer à un bon repas, préparé pour célébrer l'heureux dénouement de cette aventure.

Un chien, nommé Barry, a servi pendant douze années à l'hospice du Mont-Saint-Bernard, et il a sauvé la vie à plus de quarante personnes dans les chemins périlleux de ces glaciers éternels ; son zèle était aussi admirable que l'instinct qu'il déployait en allant à la recherche des voyageurs égarés. Tout le long du jour il courait en aboyant, et revenait surtout aux endroits les plus dangereux. Lorsque ses forces ne suffisaient pas pour tirer de dessous les neiges un homme tombé dans les ravins ou engourdi par le froid sur la route, il retournait à l'hospice pour amener avec lui des religieux. Un jour, cet animal intéressant trouva un enfant à moitié gelé entre le pont de Dronaz et le glacier de Balsore : aussitôt il se mit à le lécher jusqu'à ce qu'il fût parvenu à le ranimer ; et à force de caresses il engagea l'enfant à s'attacher à son corps. C'est ainsi qu'il porta comme en triomphe le pauvre petit à l'hospice. Lorsque l'âge eut ôté à Barry les forces dont il avait fait un si bel usage, le prieur du couvent, pour le récompenser de ses services, le mit en pension à Berne. Après sa mort, on l'a empaillé et déposé au musée de cette ville. On voit encore à son cou, la petite fiole dans laquelle il apportait une liqueur fortifiante aux voyageurs qu'il découvrait dans les chemins de ce mont renommé dans toute l'Europe.

D'après Daniel Huet, évêque d'Avranches, un paysan d'un caractère brutal et violent, maltraitait souvent sa femme, au point que les voisins étaient quelquefois alarmés du sort de cette malheureuse, et obligés de venir prendre sa défense pour empêcher qu'il ne portàt les choses à l'extrême. Cet homme un jour, las de vivre avec une personne qu'il détestait, résolut de s'en défaire; dans ce dessein, il feignit de se réconcilier avec elle, changea de conduite, et la pressa de venir avec lui les jours de fête dans les champs pour se récréer. Un soir, après les grandes chaleurs d'une journée d'été, il la mena se reposer au frais sur les bords d'une rivière, dans un endroit très-retiré et très-solitaire : la limpidité de l'eau, dit-il, m'invite à me désaltérer; et comme il feignait d'avoir une grande soif il s'étendit sur le ventre, et but à longs traits; puis, faisant l'éloge de la bonté et de la fraîcheur de cette eau, il conseilla à sa femme de l'imiter; elle le crut et suivit son conseil : aussitôt qu'il la vit dans la posture où il s'était mis lui-même un instant auparavant, il se jeta sur elle et lui plongea la tête dans l'eau pour la noyer. Sa femme se débattit de toutes ses forces, mais elle n'en eût pas moins péri, sans le secours de son chien, qui lui était très-attaché et qui ne la quittait jamais; l'animal sauta aussitôt sur le mari, et, le saisissant à la gorge, il le força de quitter prise, et sauva ainsi la vie de sa maîtresse.

Un gentleman d'Aberdeen, traversant un jour la rivière de Dee lorsqu'elle était prise, la glace fonça au milieu de cette rivière, et il tomba dans l'eau ; cependant il ne fut pas entraîné par le courant, parce qu'un fusil qu'il tenait se trouva placé de travers sur l'ouverture de la glace. Un chien, dont il était accompagné, après avoir fait des efforts inutiles pour sauver son maître, courut à un hameau voisin, et saisit par l'habit le premier passant qu'il rencontra : cet homme effrayé voulut se dégager de l'animal et le frapper ; mais le chien le regarda d'un air si touchant et si expressif, il le tira par son habit avec une si douce violence, que l'homme commença à croire que ce chien avait quelque chose d'extraordinaire à lui faire entendre, et se laissa conduire par l'animal, qui le mena assez à temps vers son maître pour le sauver.

M. Bertrand raconte, dans son voyage de l'Amérique septentrionale, que dans une contrée de cette partie du monde qu'il parcourut, il observa une plaine très-étendue où un troupeau de chevaux qui paissaient sous la seule surveillance d'un chien noir, semblable sous tous les rapports, au loup de la Floride, si ce n'est qu'il ne pouvait aboyer comme le chien ordinaire ; il était très-industrieux et très-adroit à remplir ses fonctions, et si l'un de ses chevaux s'éloignait des autres à une certaine distance, ce chien courait aussitôt à lui et le ramenait au troupeau. Le propriétaire des chevaux était un Indien qui demeurait à environ dix milles de cette plaine, et qui, par fantaisie ou dans le dessein de faire un essai, avait dressé son chien très-jeune à ce métier; l'animal ne gardait que les chevaux de son maître, et les tenait toujours séparés des autres partout où ils paissaient; sur le soir, lorsqu'il se sentait pressé par la faim, ou qu'il avait envie de voir son maître, il se rendait à la ville, et ne s'écartait jamais de la maison pendant la nuit.

Dans l'Amérique méridionale, il est beaucoup de chiens qui pratiquent des terriers comme les lapins; quand ils sont pris jeunes, ils s'attachent à l'homme et ne le quittent jamais pour rejoindre la société de leurs compagnons. Ces animaux ont beaucoup de ressemblance avec le lévrier; ils portent les oreilles droites, et sont excellens pour la chasse.

Il y a des nations qui estiment beaucoup la chair du chien comme nourriture. Dans quelques îles du sud on les engraisse pour les manger. Les Nègres de la côte de Guinée en sont très-friands. Hippocrate et les Romains regardaient les jeunes chiens comme un mets très-délicat.

LE CHIEN DE SIBÉRIE.

Cet animal, qui se trouve dans la plupart des contrées voisines du pôle arctique, sert, dans le Kamtschatka, à tirer des traîneaux sur la neige glacée; le nombre des chiens employés est ordinairement de cinq, dont quatre sont attelés deux à deux, et le cinquième sert de guide. Les rênes du traîneau sont attachées à leur collier, et le conducteur se repose principalement sur leur obéissance à sa voix; il faut, par conséquent, beaucoup de soin et d'attention pour dresser le chef, qui, s'il est vigoureux et docile, devient d'un grand prix, et se vend quelquefois quarante roubles. Le conducteur tient à sa main un bâton crochu qui sert en même temps de guide et de fouet : des anneaux de fer sont fixés à l'une des extrémités de ce bâton comme pour ornement; ils servent aussi à animer, par leur bruit, ces animaux; car souvent, si les chiens sont bien dressés, le conducteur n'a pas besoin d'employer le fouet. Lorsqu'il touche de son bâton la glace, les chiens tournent à gauche; et s'il frappe les supports du traîneau, ils tournent à droite; lorsqu'il les veut faire arrêter, il lui suffit de placer son bâton entre la neige et l'avant-train de sa voiture. Si les chiens ne sont pas attentifs à leur devoir, le guide les châtie ordinairement en leur jetant son bâton, et son adresse à le ramasser est ce qu'il y a de plus difficile à expliquer. Il n'est pas étonnant néanmoins qu'il soit habile dans une manœuvre d'une aussi grande importance pour lui; car du moment que les chiens s'aperçoivent que leur conducteur a perdu son bâton, à moins qu'il ne soit très-robuste et très-vigoureux, ils partent malgré lui comme un trait, et ne s'arrêtent que lorsque leurs forces sont entièrement épuisées, à moins qu'ils ne soient parvenus, soit à renverser le traîneau, soit à le précipiter dans un abîme, où il reste enterré sous la neige avec eux et le conducteur. La manière dont en général ces animaux sont traités, semble peu propre à fortifier leur attachement pour ceux qui les emploient; dans l'hiver, on les nourrit très-sèchement de viande gâtée, et l'été, on les envoie au dehors chercher leur vie, jusqu'à ce que le retour des frimas rende leur maître intéressé à les reprendre. Pendant qu'on les attèle au traîneau, ils poussent des hurlemens affreux; mais quand tout est disposé, ils font entendre un aboiement qui annonce de la gaîté, et qui cesse au moment où ils se mettent en route.

On a vu de ces animaux faire un voyage de près de cent soixante et dix milles en trois jours; et il n'est pas de chevaux qui soient plus utiles aux Européens que les chiens ne le sont aux naturels des stériles contrées du nord. Lorsque, dans les plus grandes rigueurs de la saison, leur maître ne peut plus reconnaître la route qu'il doit suivre, ni même tenir les yeux ouverts, ils se trompent rarement de chemin ; et quand ils commettent quelque erreur à cet égard, ils courent de côté et d'autre, jusqu'à ce que, par leur flair, ils l'aient retrouvé. Lorsqu'au milieu d'un long voyage, comme cela arrive souvent, il est impossible à leur maître d'aller plus loin, les chiens se réunissent autour de ce conducteur pour le tenir chaud, et le préserver de toute espèce de danger ; ils annoncent aussi une grande chute de neige, en s'arrêtant et en frappant de leurs pieds : dans ce cas, il est toujours prudent de chercher quelque village pour se retirer et se mettre à couvert.

LE CHIEN DE L'ÎLE DE TERRE-NEUVE.

La force, la docilité et l'intelligence de cet animal le rendent très-utile aux colons de l'île d'où il a été amené en Europe. On emploie généralement les chiens de cette espèce à mener du bois sur des traîneaux, des parties intérieures du pays

à la côte. Quatre de ces chiens attelés à un traîneau, voitureront facilement trois cents livres de
bois pendant plusieurs milles, et souvent ils remplissent cette fonction sans conducteur. Lorsqu'ils
sont soulagés de leur fardeau qu'on a déchargé à
l'endroit de sa destination, ils retournent dans le
même ordre au bois d'où ils étaient partis, et où
on les récompense ordinairement d'un plat de
poisson sec. Ils ont les pieds pourvus de membranes, de sorte qu'ils peuvent nager avec beaucoup de facilité; c'est à raison de cet avantage qu'ils
sont connus pour avoir rendu des services importans à l'espèce humaine, comme il sera facile de
s'en convaincre d'après les anecdotes suivantes.

Il y a quelque temps qu'un particulier ayant
été faire une partie de plaisir dans le voisinage
pittoresque et romantique de Cumberland, alla
se baigner à l'écart dans l'une des rivières dont ce
pays abonde; il était accompagné d'un beau chien
de l'île de Terre-Neuve; comme ce particulier
était un excellent nageur, il se déshabilla sur les
bords fleuris de cette rivière, et se plongea dans
son cours; mais au bout de quelques brassées, il
fut saisi d'une crampe qui lui fit souffrir des tourmens affreux et jetter les hauts cris. Ne pouvant
parvenir à se retirer de l'eau lui-même, il était
prêt à s'enfoncer, lorsque son chien fidèle, qui

l'observait avec beaucoup d'inquiétude, s'élança dans la rivière, et le saisissant avec précaution par le bras, il parvint à le sauver de cette dangereuse situation.

Dans l'été de 1792, un bourgeois de Londres se rendit à Portsmouth pour y prendre les bains de mer; il fut conduit sur le bord de l'eau; mais n'en connaissant pas la profondeur, il perdit pied aussitôt qu'il sortit de la machine destinée aux baigneurs: aucune personne qui sût nager ne se trouvant dans son voisinage, et le garçon des bains ne faisant pas attention à lui, il eût été infailliblement noyé, si un gros chien de l'île de Terre-Neuve, qui se trouvait sur le bord de l'eau, et qui voyait son extrême embarras, n'avait plongé dans la mer pour voler à son secours; l'animal le saisit par les cheveux et le ramena sur le rivage; mais il fut quelque temps sans reprendre connaissance. Ce particulier acheta ce chien à un prix très-élevé, et le conserva comme un trésor équivalant à toute sa fortune.

Dans une violente tempête de l'hiver de 1789, un vaisseau de Newcastle fit naufrage près Yarmouth, et le seul être qui parvint à gagner la côte, fut un chien de l'île de Terre-Neuve, qui regagna le rivage en tenant dans sa gueule le porte-feuille du capitaine; il vint à terre au milieu d'un concours immense de personnes, dont plusieurs essayèrent en vain de lui enlever ce porte-feuille. L'animal, comme s'il eût connu l'importance de ce dépôt, qui, suivant toutes les apparences, lui avait été remis par son maître au moment où il allait périr, se dressa enfin contre la poitrine d'un homme qui avait fixé son attention dans la foule, et lui remit ce dont il était chargé; il retourna ensuite à l'endroit où il avait débarqué, et épia avec la plus grande attention tous les objets qui provenaient du vaisseau naufragé, courut après et s'efforça de les ramener à terre.

Au mois de décembre 1803, comme un gentilhomme anglais marchait le long du sentier qui conduit de Kennington à Camberwell, il distingua des enfans qui jouaient, et vit en même temps une petite fille tombée dans le large fossé qui ressemble à notre petite rivière de Bièvre qui se jette dans la Seine près du jardin du Roi. Il y courut accompagné d'un gros chien de l'île de Terre-Neuve; cet animal n'eut pas plutôt aperçu l'enfant qui se débattait dans l'eau, qu'il s'y précipita, et que, le saisissant par les cheveux, il l'amena près du sentier, où, avec le secours de son maître, cette petite fille fut mise à terre, sans avoir éprouvé d'autre mal qu'un vomissement occasionné par de l'eau stagnante qu'elle avait avalée, et qui était si corrompue, qu'elle faillit la suffoquer. Ce gentilhomme la conduisit saine et sauve chez ses parens, et leur donna des avis salutaires sur le danger de laisser aller seuls des enfans dans des endroits aussi périlleux.

Nous avons vu à Paris une douzaine de ces chiens, que M. le comte Anglès, alors Préfet de Police, avait fait venir de l'île de Terre-Neuve, pour être répartis sur les rives de la Seine dans les divers établissemens qui existent pour porter du secours aux personnes en danger de se noyer. C'était un plaisir de les voir ramener à bord un mannequin habillé, que chaque jour on précipitait au milieu de la rivière pour les entretenir dans cet utile exercice.

Au commencement de l'année 1804, un médecin qui revenait du théâtre, apercevant de la foule près du corps-de-garde de Saint Martin, voulut connaître ce qui attirait un si grand concours de monde ; il vit que différens particuliers qui avaient bu plus que de raison, faisaient du tapage, et reconnut parmi eux un vieil ami qu'il n'avait pas vu depuis plusieurs années. Ce dernier lui demanda son adresse ; le médecin la tira de son porte-feuille pour la lui présenter ; ce porte-feuille contenait des billets de banque de la valeur de cinq cents livres sterling qu'il avait été assez imprudent pour porter sur lui au théâtre. En sortant du corps-de-garde , il fut suivi par deux hommes de fort mauvaise mine. A peine avait-il fait quelques pas , qu'il se sentit toucher la main , et en regardant autour de lui , il vit un gros chien de l'île de Terre-Neuve , qui sauta aussitôt après lui , et continua de le suivre. Lorsqu'il fut arrivé à Grosvenor-Square , ces deux hommes l'attaquèrent , et le saisirent au collet : ils lui demandèrent son porte-feuille. Le chien s'élança aussitôt sur eux , en mordit un fortement à la jambe , et ils prirent tous les deux la fuite. Ce fidèle gardien accompagna le médecin jusqu'à sa maison dans Park-Lane ; et resta à la porte jusqu'à ce que les domestiques fussent venus lui ouvrir. Le docteur fit tous ses efforts pour déterminer ce chien à entrer dans sa maison , mais sans y réussir , et l'on fut obligé de fermer la porte. Après l'avoir ouverte de nouveau , au bout de quelques minutes , on s'aperçut qu'il était parti.

LE CHIEN COURANT

L'anecdote suivante , rapportée par M. Berwic , offre une preuve étonnante du courage avec lequel cet animal soutient un violent exercice.

Il y a quelques années qu'un cerf dix cors fut lancé du parc de Whinfield, dans le comté de Westmoreland, et poursuivi par des chiens courans, jusqu'à ce que la meute fût excédée de fatigue, à l'exception de deux chiens qui continuèrent la chasse une grande partie du jour; le cerf revint au parc d'où il était parti, et, par un dernier effort, sauta par-dessus le mur et expira. Un de ces chiens le suivit jusqu'au pied de ce même mûr; mais, ne pouvant le franchir, il mourut un instant après. On trouva l'autre mort à quelque distance de là.

La longueur du chemin parcouru dans une chasse de ce genre est incertaine; mais comme on vit ces chiens à Red-Kirks près Anna en Écosse, c'est-à-dire à environ quarante-six milles du parc, on présume qu'avec les détours qu'ont fait ces animaux, ils ont parcouru environ cent vingt milles.

Pour consacrer un fait aussi mémorable, le bois de ce cerf, le plus grand qu'on eût jamais vu dans ce pays, fut attaché dans le parc à un arbre d'une grosseur prodigieuse, qu'on appela depuis *l'arbre du bois de cerf;* on l'en a enlevé, il y a quelque temps, et il est aujourd'hui placé à Julian's-Bower, dans le même pays.

Nous voyons dans l'histoire que Lodbroc, roi de Danemarck, fut assassiné par un certain Bern, fauconnier du roi Édouard, qui le tua et l'enterra en secret. Le meurtre fut ensuite découvert par un chien courant qui appartenait à Lodbroc, et qui ne quittait le corps de son maître que lorsqu'il était pressé par la faim et seulement pour la satisfaire. Ce chien caressait le successeur de Lodbroc et les gens de la cour, toutes les fois qu'il était forcé de les voir. Comme on le connaissait pour avoir appartenu à Lodbroc, il fut observé et suivi jusqu'à l'endroit où était le corps de son maître. Bern fut découvert pour le meurtrier du roi, par la manière dont le chien le traitait toutes les fois qu'il le voyait, ainsi que par beaucoup d'autres circonstances; et cet assassin fut condamné, pour punition de ce crime, à être mis à la mer dans un vaisseau sans voiles et sans rames, et à être ainsi laissé à la merci des vagues.

LE CHIEN DE PISTE (BLOOD-HOUND).

Cet animal était autrefois tenu dans la plus haute estime en Angleterre, à raison de la finesse particulière de son flair. On l'employait à faire la recherche du gibier blessé qui avait échappé au chasseur; il servait aussi souvent à découvrir les traces d'un homme à une distance considérable.

Dans les siècles barbares et non civilisés, cet utile quadrupède mis sur la voie d'un voleur ou d'un assassin qui avait pris la fuite, le suivait dans l'épaisseur des bois et dans les retraites les plus cachées, et il ne cessait ses poursuites que quand il l'avait arrêté. C'est pour cette raison qu'il existait en Écosse une loi par laquelle toute personne qui refusait l'entrée à des chiens de piste lorsqu'on les employait à la recherche d'effets volés, était regardée comme complice du vol. Le blood-hound est très-haut de taille, d'une forme élégante, et supérieur à toute l'espèce canine par son activité, son zèle et sa légèreté à la course.

Comme on se servait autrefois de blood-hounds dans certains districts de l'Angleterre et de l'Écosse, qui étaient infestés de voleurs et de meurtriers, les habitans de ce pays furent assujettis à une taxe pour l'entretien de la conservation d'un certain nombre de ces animaux ; mais aujourd'hui, que le bras de la justice s'étend sur toutes les parties de l'Angleterre, et qu'il n'est plus d'asile où le crime puisse rester caché, leurs services sont devenus entièrement inutiles.

On conserve encore quelques chiens de cette espèce dans les contrées septentrionales de ce royaume, et on les emploie à la poursuite des daims qui ont été blessés ; on s'en sert encore pour trouver les voleurs de bêtes fauves, à raison de ce qu'ils découvrent facilement la route qu'ont prise ces spoliateurs, à la trace du sang qui s'échappe des plaies de leurs victimes.

M. Boyle nous apprend qu'une personne de qualité, voulant essayer si un jeune blood-hound était bien instruit, chargea l'un de ses domestiques de se rendre à pied à une ville située à la distance de deux lieues de sa maison, et de là à un marché qui en était éloigné de trois milles. Le chien, sans avoir jamais vu l'homme qu'il cherchait, le suivit à la piste dans les endroits ci-dessus mentionnés, malgré le grand nombre de personnes qui fréquentaient le même chemin, et de voyageurs qui avaient occasion de le traverser ; quand il fut parvenu à la maison où l'homme qu'il poursuivait était à se reposer, il le trouva dans une chambre haute, au grand étonnement de tous ceux qui avaient accompagné l'animal dans ses recherches.

LE DOGUE.

Ce chien semble être particulier à l'Angleterre, où on l'emploie comme chien de garde, devoir qu'il remplit avec fidélité, et quelquefois avec un discernement remarquable. Il est de ces animaux qui laisseront entrer un étranger dans l'endroit confié à leur vigilance et l'accompagneront dans tous les lieux qui en dépendent, sans lui faire aucun mal, tant qu'il ne touche à rien: mais du moment qu'il cherche à dérober quelque effet, ou qu'il veut quitter les lieux, l'animal l'informe, d'abord en grognant à voix basse, et si cela ne suffit pas, par des moyens plus violens, qu'il ne doit commettre aucun larcin, ni s'en aller. Quelquefois même il se jette sur la personne, la renverse, et la tient sous lui sans la mordre, jusqu'à ce qu'il vienne quelqu'un pour la relever.

M. d'Obsonville cite un exemple d'une memoire prodigieuse dans un dogue. Cet animal, qu'il avait amené de l'Inde à l'âge de deux mois, l'avait accompagné, lui et un de ses amis, depuis Pondichéry jusqu'à Benglour. Leur voyage dura près de trois semaines, et ils eurent des plaines à traverser, des montagnes à grimper, des rivières à passer à gué, et des chemins détournés à parcourir; cet animal, qui n'avait jamais été dans ce pays auparavant, partit de Benglour et revint aussitôt à Pondichéry; il se rendit, en ligne directe, dans la maison de M. Beylier, commandant alors l'artillerie, ami de M. d'Obsonville, et avec lequel il avait passé une grande partie de sa vie. La difficulté aujourd'hui n'est pas de savoir comment cet animal vécut sur la route ; car il était très-fort et en état de se procurer de la nourriture ; mais comment il put parvenir à retrouver son chemin après un intervalle de plus d'un mois.

On trouve dans les annales de Stown le récit d'un combat étonnant qui eut lieu entre trois dogues et un lion, en présence de Jacques Ier Un de ces chiens ayant été introduit dans l'arène, fut aussitôt mis hors de combat par le lion, qui le prit par la tête et par le cou, et le traîna tout à l'entour du cirque ; on lâcha alors un autre chien, qui fut traité de la même manière ; mais à peine le troisième fut-il détaché, qu'il saisit le lion à la lèvre inférieure, et s'y attacha pendant un temps considérable, jusqu'à ce que, déchiré par les griffes de cet animal féroce, il fût obligé de quitter prise. Le lion, dont les forces étaient épuisées, refusa de rentrer en lice, et, sautant par-dessus les chiens, il alla se réfugier au fond de sa loge. Le dernier de ces dogues survécut à ses blessures ; mais le fils du monarque en prit le plus grand soin, et déclara que celui qui avait combattu avec le roi des animaux, ne devait plus se mesurer avec aucun quadrupède d'un rang inférieur à celui du lion.

Ces dogues ont le sentiment de la supériorité

T 2.   6

de leurs forces, et on a vu de ces animaux, châtier avec beaucoup de dignité, l'impertinence d'un être plus faible. Un gros dogue, appartenant à feu M. Riddley, écuyer, de Heaton près de Neucastle, étant souvent maltraité par un roquet, et se trouvant fatigué de ses aboiemens perpétuels, le prit enfin avec sa gueule par la peau du dos, et le laissa gravement tomber par-dessus le parapet dans la rivière, sans faire d'autre mal à ce méprisable ennemi.

Sir Harry Lee de Ditchley, comté d'Exeter, ancêtre des derniers comtes de Lichtfield, avait un dogue qui gardait la cour, la maison, mais qui n'avait jamais obtenu aucune marque d'attention particulière de son maître; enfin, ce n'était pas un chien favori, et on le conservait pour son utilité seulement, et non par aucun égard particulier. Un soir que sir Harry se retirait dans son appartement, accompagné d'un valet auquel il était fort attaché, le dogue monta derrière eux l'escalier, ce qu'il n'avait jamais fait auparavant, et, au grand étonnement de son maître, se présenta dans sa chambre à coucher; regardé comme un intrus, il fut aussitôt chassé; mais le pauvre animal se mit à gratter violemment à la porte, et à hurler pour qu'on le laissât entrer. Le domestique reçut l'ordre de le renvoyer de nou-

veau ; ce mauvais accueil ne put refroidir son attachement pour son maître : il revint à la charge, et
montra plus d'obstination qu'auparavant à ce qu'on
lui permît d'entrer.

Sir Harry, las de résister à ce chien, quoique
extrêmement surpris du penchant de cet animal
pour la société d'un maître qui ne lui avait jamais
témoigné de tendresse, et voulant se reposer,
commanda à son domestique d'ouvrir la porte,
pour savoir ce qu'il désirait. Aussitôt le dogue
entra en agitant sa queue, et en fixant les regards
les plus affectueux sur son maître; puis se glissant
sous le lit, il se coucha sur le carreau, comme s'il
eût eu l'intention de passer la nuit dans sa compagnie. Sir Harry, ne voulant plus contrarier ce
chien, le laissa faire : son domestique se retira, et
le plus grand calme régna dans la chambre. Vers
l'heure silencieuse de minuit, la porte de l'appartement s'ouvrit, et les pas d'un homme qui traversait la chambre à coucher se firent entendre : sir
Harry se réveilla en sursaut, le chien s'élança de
dessous le lit sur l'intrus, et le terrassa.

La plus profonde obscurité régnait dans l'appartement ; sir Harry tira, dans une extrême agitation, le cordon de la sonnette pour avoir de la
lumière. La personne qui était fixée contre terre
par le courageux dogue, criait à son secours ; il

se trouva que c'était le valet favori, qui ne s'était nullement attendu à un pareil traitement ; il chercha à s'excuser de s'être introduit à cette heure dans la chambre à coucher de son maître, et à donner des prétextes pour justifier cette liberté ; mais toutes les raisons qu'il voulut alléguer ne purent parvenir à dissiper les soupçons de sir Harry, qui prit le parti de le citer devant le magistrat.

Ce perfide valet, effrayé par les menaces, et tranquillisé en même temps par l'assurance de son pardon, finit par avouer que son dessein avait été d'assassiner son maître et de le voler ensuite ; ce projet infernal fut déjoué par le fidèle instinct d'un animal qui semble avoir été dirigé dans ce moment par l'intervention de la Providence.

Un tableau en grand, où le chien est représenté à côté de sir Harry, avec ces mots pour épigraphe : *Plus fidèle que chéri*, est conservé dans les portraits de famille de cet écuyer.

LE BOULE-DOGUE.

Ce chien, le plus féroce de son espèce, et suivant toutes les apparences, le plus courageux des animaux, est d'une belle stature, et d'une force musculaire remarquable ; il a le nez court ; et l'avancement de la mâchoire inférieure sur la mâchoire supérieure lui donne un air de dureté qui lui est particulier. La valeur dont ce chien fait preuve en attaquant le taureau, et la fureur avec laquelle il saisit les objets, sans jamais quitter prise, sont également étonnantes.

Il y a quelques années qu'à un combat du taureau dans le nord de l'Angleterre, lorsque cette barbare coutume était plus en vogue qu'à présent, un jeune homme plein de confiance dans le courage de son chien, fit la gageure qu'il couperait à différens intervalles, les pieds de cet animal, et qu'à chaque amputation, il ne s'en jetterait pas moins sur le taureau. Cette cruelle expérience fut faite, et le chien affreusement mutilé, continua de s'élancer sur son antagoniste avec une ardeur qui ne se démentit pas un instant.

LE BASSET.

Cet animal fait ordinairement partie de toutes les meutes, et il est fort utile pour forcer le renard et autres animaux dans leurs terriers : c'est l'ennemi naturel des quadrupèdes de la petite espèce, tels que les rats, les souris, les belettes, etc. ; il est fort courageux, il attaque même le putois.

Une anecdote racontée par M. Hope, et qui a été confirmée par beaucoup d'autres personnes, démontre que cet animal est capable de ressentiment lorsqu'il est insulté, et de beaucoup d'intelligence pour le satisfaire.

Un riche particulier de Whitmore, dans le Staffordshire, était dans l'usage de venir deux fois par an à la ville; et comme il aimait beaucoup à prendre de l'exercice, il faisait le voyage à cheval, accompagné, pour la plupart du temps, d'un fidèle basset qu'il laissait dans la maison de son hôtesse, à Saint-Alban, pour ne pas courir le risque de le perdre dans la ville. A son retour, il était sûr de retrouver son compagnon de voyage très-bien repu.

Un jour qu'il demanda son chien, comme de coutume, l'hôtesse vint à lui d'un air consterné, et lui dit: Hélas! monsieur, votre basset est perdu; notre gros chien de basse-cour et lui ont pris querelle ensemble, et le pauvre petit animal a été tellement battu et mordu avant que nous puissions les séparer, que j'ai cru qu'il n'en reviendrait jamais : cependant il s'est traîné hors de la cour, et nous avons été plus de huit jours sans le voir; au bout de ce temps il est revenu, et a amené avec lui un autre chien beaucoup plus gros que le nôtre; tous deux sont tombés à la fois sur lui et l'ont si maltraité, que c'est tout ce qu'il

peut faire maintenant que de sortir dans la cour
et de prendre ses repas : votre chien et son compagnon ont ensuite disparu, et Saint-Alban ne
les a plus revus. »

L'habitant de Whitmore après avoir entendu
ce récit chercha à se consoler d'une perte qu'il
croyait décidée. Mais de retour chez lui, il trouva
son petit basset; et sur les informations qu'il prit,
relativement à cet animal, il fut informé qu'il était
revenu à Whitmore et avait débauché le chien
de basse-cour, qui, suivant toutes les apparences,
l'avait suivi à Saint-Alban, et s'était chargé de
venger complétement son insulte.

Un cabaretier de Bishopsgate-street avait un
petit basset qu'il avait si bien instruit à faire attention à l'argent monnoyé partout où il en trou-
verait, que lorsque son maître jetait une poignée
de monnaie devant cet animal, il en remplissait
sa gueule et ramenait le reste sous son ventre avec
ses pattes, en témoignant combien il était déterminé à défendre cette propriété. Si quelqu'un jetait une pièce d'argent à travers la grille de la cave,
il s'y précipitait aussitôt, et ne revenait jamais qu'il
ne l'eût trouvée. Un jour que son maître était occupé à converser avec un particulier dans sa boutique, le chien vint à lui d'une manière très-im-
portune, gratta ses pieds, sauta après lui, et fit

tout ce qu'il put pour être remarqué ; mais tout cela en vain , car le cabaretier était trop occupé de ce qu'il disait pour faire attention aux gestes de ce fidèle serviteur. A la fin , cependant, il lui arriva de porter ses regards à terre, et il vit, à son grand étonnement, son chien gardant un petit sac tout crotté, qu'il trouva contenir 14 schellings et 9 pences. Cet argent avait sans doute été en la possession de quelque malheureux ; mais on ne put jamais découvrir où le chien avait déterré ce trésor.

LE LÉVRIER.

Le lévrier est un animal d'une forme très-belle et très-délicate , doué d'une très-grande légèreté à la course : si l'on considère son affabilité , sa douceur et son air de dignité , on doit le placer dans les premières classes de son espèce. Autrefois le lévrier était regardé en Angleterre comme un présent très-estimable, surtout par le sexe, auquel ce don paraissait une chose très-précieuse.

Dans notre île , sous le règne du roi Jean , les lévriers étaient fréquemment reçus en payement pour des amendes , des renouvellemens de fiefs et autres redevances de la couronne. Les extraits suivans prouvent que ce monarque a été singulièrement attaché à cette sorte de chien.

Une amende prononcée en 1203, s'élève à 500 marcs d'argent, dix chevaux et dix laisses de lévriers : et une autre de 1210, consiste en un cheval de course et six lévriers.

On chassait jadis trois différentes espèces d'animaux avec le lévrier : le cerf, le renard et le lièvre. On ne court pas aujourd'hui les deux premiers de cette manière : mais autrefois la chasse du daim et du cerf au lévrier était un plaisir des plus en vogue, et elle se divisait en deux espèces ; celle de l'enclos et celle de la forêt. Pour la chasse de l'enclos on employait, indépendamment des lévriers, dont le nombre n'excédait jamais celui de deux, et consistait toujours dans une laisse, un chien métis et une espèce de limier qui devait lancer le cerf avant qu'on eût lâché les lévriers. L'enclos était une pièce de terre détachée d'un parc et entourée de pallissades et d'un mur ; il avait un mille de longueur sur environ un quart de mille de largeur; mais son extrémité la plus éloignée avait beaucoup plus de largeur que celle d'où les chiens commençaient à prendre leur élan, afin que les spectateurs fussent plus à portée de voir lequel de ces animaux était le plus vite à la course.

Un particulier de Worcester, en allant faire une visite à l'un de ses amis, éloigné de sa maison de quelques milles, prit avec lui une laisse de lévriers

6.

pour aller chasser sur ses terres ; ils découvrirent
bientôt un lièvre que ces chiens coururent avec
tant de vitesse qu'ils furent bientôt perdu de vue
par les chasseurs ; mais après de très-longues recherches, le lièvre et les lévriers furent trouvés
morts, et il ne parut pas même qu'ils eussent atteint leur proie ; car on n'y découvrit aucune marque de violence.

Dans l'année 1792, comme un garde-chasse du
lord Égremont conduisait en laisse deux lévriers,
une hase vint tout à-coup à traverser le chemin
qu'ils suivaient : ces animaux ne pouvant résister
à la tentation, s'échappèrent aussitôt des mains du
conducteur et donnèrent la chasse, quoiqu'ils fussent liés ensemble, au grand étonnement de ceux
qui étaient témoins d'un spectacle aussi nouveau
et aussi amusant. Lorsqu'ils furent près d'atteindre
la hase, et que cet animal, pour les éviter, revint
sur ses pas, ils perdirent beaucoup de temps, attendu qu'étant attachés l'un à l'autre, ils eurent
une peine infinie à se retourner pour changer de
direction ; malgré ce délai, leur énergie ne parut
aucunement se ralentir, et ils continuèrent la
chasse en dépit des différens obstacles contre lesquels ils eurent à lutter, jusqu'à ce que l'objet de
leur poursuite fût victime de leur invincible persévérance, ce qui n'eut lieu qu'après une course
de trois à quatre milles.

Il y a quelques années que le lévrier d'un voyageur qui était retenu à Douvres par les vents contraires, fut employé à la chasse d'un lièvre qui jusqu'alors avait échappé à la poursuite des chiens les plus alertes et les plus expérimentés : dès que ce lévrier l'aperçut, il se montra si supérieur en vitesse à cet animal, que le lièvre n'eut d'autre ressource que celle de gravir le pic d'une hauteur très-élevée, pour se sauver ; le lévrier se mit à courir avec tant d'ardeur, qu'il parvint à le guenler sur le faîte de cette montagne ; mais il se précipita en bas avec le lièvre, au fond d'un abîme, et tous deux furent moulus.

LE CHIEN DE BERGER.

Cet animal est de la plus grande importance dans les contrées de l'Angleterre consacrées à l'entretien des bêtes à laine ; sa voix est plus écoutée des moutons que de celle du berger, et la sûreté ainsi que l'ordre et la discipline du troupeau sont les effets avantageux qui résultent de sa vigilance et de son attention : on conserve aujourd'hui cette race, dans la plus grande pureté, dans les parties septentrionales de l'Écosse.

Les exemples suivans de la sagacité et de l'attachement du chien de berger pour son maître, ne pourront manquer de procurer quelque amusement à nos lecteurs.

Dans l'hiver rigoureux de 1794, le fils aîné de M. Boustead, gardien des troupeaux de son père, sur les biens communaux de Great Salkeld, près Penrith, comté de Cumberland, eut le malheur de tomber et de se casser la cuisse ; il était alors à trois milles de la maison, éloigné de tout secours humain, et la nuit approchait ; guidé par le sentiment du danger de sa situation, il enveloppa un de ses gants dans son mouchoir, qu'il attacha au cou de son chien, et commanda à cet animal de retourner au logis. Ceux de ces quadrupèdes qui sont dressés à garder des troupeaux sont ordinairement d'une soumission admirable aux volontés de leur maître. Le chien donc partit sur-le-champ, et dès qu'il fut arrivé à la maison, il gratta à la porte pour se faire ouvrir. Les parens du jeune homme furent alarmés en voyant cet animal, et ne doutèrent pas, lorsqu'ils eurent déployé le mouchoir de leur fils, que quelque accident ne lui fût arrivé. Ils se mirent donc aussitôt à sa recherche ; le chien ne se fit pas prier pour les accompagner, et les conduisit à l'endroit où il était. Ils emmenèrent ce jeune homme, lui procurèrent les secours dont il avait besoin, et il fut bientôt rétabli.

Un fermier de Halling revint un jour ivre du marché de Maidstone avec son chien ; tout le pays alors était couvert de neige : s'étant trompé de chemin, il tomba dans un fossé. Heureusement pour lui qu'il ne put pas en remonter les bords, car dans l'état où il était, il se fût noyé dans le Medway, dont les eaux étaient très-grosses, par une des nuits les plus froides dont on eût jamais entendu parler. Se tournant sur le dos, il s'endormit en un instant ; son chien aussitôt écarta la neige que son maître avait sur toute l'habitude du corps, se coucha sur son sein, et lui fit de son épaisse fourrure un excellent abri. Cet animal et le fermier passèrent la nuit entière dans cet état. Le lendemain un particulier qui allait à la chasse, ayant aperçu un objet aussi extraordinaire, s'en approcha, le chien quitta le corps de son maître, secoua la neige dont il était lui-même couvert, et invita, par les démonstrations les plus expressives, l'étranger à s'avancer. Le chasseur, ayant essuyé la neige sur la figure du fermier, le releva aussitôt et le fit conduire à une maison voisine : là, le battement de son pouls n'ayant pas permis de douter qu'il respirât encore, on lui administra les remèdes nécessaires, et en très-peu de temps il fut en état de raconter son histoire. Il fit faire un collier d'argent massif à son libérateur, en mémoire du service qu'il lui avait rendu.

Le docteur Pallas cite un exemple de sagacité d'un chien de berger qu'il regarde lui-même comme étonnante; la personne à qui appartenait cet animal fut exécutée il y a quelques années, pour vol de bestiaux. Le fait suivant fut, parmi beaucoup d'autres, prouvé à l'interrogatoire de cet homme. Lorsqu'il formait le dessein de dérober un mouton, il ne le faisait pas lui-même, mais il chargeait son chien de s'acquitter de cette mission. Dans cette vue, sous prétexte d'examiner une de ces bêtes à laine dans l'intention de l'acheter, il parcourait le troupeau, suivi de son chien, auquel il indiquait par un signe ceux des moutons sur lesquels il avait jeté son dévolu, et lui en désignait un nombre de dix à vingt sur un troupeau de quelques centaines : il s'en allait ensuite à la distance de quelques milles, envoyait, pendant la nuit, son chien seul qui séparait du troupeau les brebis ou moutons qu'il lui avait signalés, et les chassait devant lui jusqu'à ce qu'il eût retrouvé son maître.

L'exemple suivant de la docilité et de l'attachement du chien est tiré de l'*Essai sur l'humanité*, de T. Young.

Il arriva, il y a quelques années, dans cette

partie de l'Écosse, voisine de l'Angleterre, qu'un berger qui avait conduit son troupeau à la foire, laissa le reste à la garde de son chien, pendant le jour entier et la nuit du lendemain, quoique ayant pris la résolution de l'aller trouver à la sortie de la foire ; mais la première chose qu'il fit, fut d'oublier cet animal et son troupeau, et il ne revint à la maison que dans la matinée du troisième jour de son départ : à son retour il n'eut rien de plus empressé que de demander si l'on avait vu son chien, on lui répondit que non : « En ce cas, dit le berger d'un ton qui annonçait tous ses regrêts, il est mort, car je le connais trop fidèle pour avoir abandonné son poste. » Il vola aussitôt aux champs où paissaient ses brebis ; le chien eut à peine la force de se traîner au-devant de son maître pour lui exprimer la joie de son retour, et mourut à ses pieds.

LE BRAQUE DU BENGALE.

Cet animal, appelé quelquefois par erreur *danois*, est très-commun en Angleterre, où il accompagne les voitures des grands : le sentiment de sa dignité, en précédant un équipage comme s'il était chargé d'en annoncer l'approche, semble constituer sa suprême jouissance : les observations suivantes de

M. Dibbin sur ce chien, dans son tour de l'Angleterre, sont aussi justes qu'intéressantes.

« Les braques du Bengale, dit-il, ont, si je puis m'exprimer ainsi, des passions nobles, et possèdent un degré de pénétration qui, s'il n'est que de l'instinct, met l'instinct au-dessus de la raison. Leur reconnaissance est sans borne comme leur dévouement; leur unique étude est de complaire à leur maître et de le servir; ils vont au-devant de ses ordres, ils épient son sourire, ils lui obéissent aveuglément, l'obligent, le protègent, et sont prêts à mourir pour sa défense. Il y a mieux, ils l'aiment avec tant de désintéressement que leur existence dépend de ses marques d'attention. J'ai toujours aimé ces chiens: les observations que j'ai faites sur ces quadrupèdes sont innombrables, et elles sont toutes à leur avantage. Il est, entre autres particularités, un trait qui les caractérise, c'est qu'ils ne deviennent qu'avec beaucoup de réserve, familiers avec les autres animaux; que dans ces circonstances, ils font une espèce de traité dont ils observent les conditions, et que s'étant réciproquement bien entendus, les plus forts protègent les plus faibles.

« Je vais raconter maintenant un fait qui se passa sous mes yeux, l'été dernier, et qui semble donner du poids à ce que je viens de dire. Je pris un jour

avec moi un de ces chiens mouchetés qu'en général
on appelle *danois*, et dont l'origine est dalmatienne.
Il était impossible de voir un animal plus vif et plus
pétulant que ne l'était ce braque ; son plaisir, en traversant les montagnes de Cumberland et d'Écosse,
était de donner la chasse aux troupeaux de moutons qu'il suivait avec beaucoup de vitesse, même
au sommet des montagnes les plus escarpées, et
lorsqu'il les avait effrayés et mis en fuite, il revenait constamment en remuant la queue et en paraissant satisfait des caresses qu'assez maladroitement peut-être nous lui prodiguions. A sept milles
de Kinross, sur le chemin de Stirling, il s'était
amusé à ce genre de libertinage et avait éparpillé
de tous les côtés différens troupeaux, lorsqu'un
agneau noir se tourna vers lui et le regarda en
face ; le braque parut surpris un instant ; mais avant
qu'il se fût armé de résolution, l'agneau se mit à
jouer et à folâtrer avec lui. Il est impossible de
rendre l'effet que ces libertés firent sur le chien ; il
serra aussitôt sa queue entre ses jambes, parut saisi
de la plus grande frayeur et demeura confus et dé-
solé ; mais ce nouvel ami l'invita, par toutes sortes
de gambades, à faire connaissance avec lui. Quel
moment pour l'œil observateur d'un Pythagore ou
d'un Lavater ! Triomphant par degrés de ses craintes, le chien accepta ce défi amical ; et ces deux

animaux, qui alors se mirent à jouer et à courir ensemble, se roulèrent l'un sur l'autre comme deux petits chats. Un sujet de détresse vint troubler ces jeux ; le fils du berger accourut pour ramener au bercail son agneau ; mais celui-ci ne fit attention qu'au chien. Ils étaient tous deux à une distance considérable ; après avoir fait l'un et l'autre un grand circuit, il se trouvèrent derrière nous : nous traversâmes un petit pont, et l'enfant, avec une longue perche, parvint à s'opposer au passage de l'agneau. Ayant réussi à le prendre, il attacha ses vêtemens autour de son corps pour l'empêcher de fuir : le chien, par obéissance pour nous et par la peur que lui faisait le petit garçon, nous suivit avec regret ; mais la situation de l'agneau ne peut se peindre ; il fit tous ses efforts pour s'échapper et chercha même à se jeter dans la rivière, dans l'intention de suivre le chien : les tentatives qu'il fit à cet effet continuèrent jusqu'à ce que nous eussions perdu de vue ce nouvel allié, qui, pour avoir joué avec notre braque, guérit à jamais celui-ci de l'envie de courir après les moutons. »

M. Pratt, en parlant des chiens en général, nous informe qu'en Hollande on met à profit leur industrie, et qu'il n'y a pas dans ce pays un seul de ces animaux qui reste oisif. « Vous les voyez, dit-il, sous les harnais dans tous les quartiers des plus grandes villes, traînant des brouettes et des petits chariots; trois, cinq et quelquefois six chiens attelés de front, mènent des marchandises et du monde avec la rapidité de petits chevaux. Dans l'avenue qui conduit de la porte de La Haye à Scheweling, on rencontre, à toutes heures du jour, un nombre incroyable de ces quadrupèdes chargés de poisson, allant au trot sous cette charge, et même au galop, quand ils sont conduits par des enfans, pendant l'espace d'un mille et demi, qui forme la distance d'une porte à l'autre. On ne les laisse par revenir à vide, car non-seulement ils sont chargés de leurs conducteurs, attendu qu'un Hollandais ne peut souffrir d'aller à pied quand il peut faire autrement, mais encore de toutes les provisions que l'on ne peut pas se procurer à la campagne; j'ai vu ces pauvres bêtes, excédées de fatigues par les grandes chaleurs de l'été, se coucher de lassitude sur le chemin, pour reprendre des forces : cela néanmoins arrive rarement, à moins qu'ils ne soient menés par des enfans, car les Hollandais sont bien éloignés d'être cruels envers leurs animaux domestiques. »

M. Pratt fait encore l'observation suivante : « Dans mon premier séjour à la Haye, pendant l'hiver, je fus très-surpris, en voyant ces pauvres bêtes travailler, de ce qu'elles n'étaient pas atta-

quées plus souvent de la rage que dans mon pays;
mais on me représenta qu'il était certains jours
de l'année, dans les grandes chaleurs, c'est-à-
dire pendant la canicule, où il était défendu,
sous peine d'amende, de laisser sortir aucun chien
dans les rues; et l'été suivant, comme je me trou-
vais à ce charmant village de Scheweling, situé
sur les bords de la mer, j'ai vu à la rade baigner
plusieurs fois dans le jour les chiens de trait: ce
soin contribuait sans doute à les préserver de la
cruelle maladie dont je viens de parler, et leur
donnait des forces pour continuer leurs travaux.
Il est heureux aussi que la Hollande soit un pays
tant soit peu porté aux cérémonies religieuses,
dans l'observance desquelles les chiens comme leurs
maîtres goûtent, le septième jour, un repos non interrompu; car, chez eux, le dimanche est célébré
avec la régularité du sabbat chez les Juifs.

« J'examinai attentivement ces animaux dans
leurs momens de travail comme dans ceux de dé-
lassement, et je me sentis ému, en remarquant que
ceux d'entre eux que j'avais vus le samedi chargés
de fardeaux, étaient plongés dans un profond sommeil, étendus à la porte de leurs maîtres. Le jour
auquel leur loisir est une faveur et un bienfait du
ciel, ils étaient restés, le matin et l'après-dinée en-
tiers, couchés au soleil ou à l'ombre, dans la plus

parfaite tranquillité, tandis qu'un grand nombre
de jeunes chiens qui avaient passé la semaine à
ne rien faire, s'amusaient à folâtrer dans les rues,
non sans chercher à éveiller leurs aînés et à les
forcer de jouer avec eux.

« Dans mes promenades du soir, avant le soleil
couché, je fus fort satisfait de voir sur le pas de
leurs portes, ces honnêtes créatures, qui paraissaient très-reposées et se livrant de temps à autre
à de joyeux débats. Le lendemain matin elles re-
tournaient prendre les occupations de la semaine,
très-délassées et très-rafraîchies. »

J'ajouterai ici les anecdotes suivantes, à celles
que j'ai déjà données sur la découverte de meur-
tres par des chiens, et sur ceux qu'ils ont prévenus.

Les domestiques d'un gentleman qui avait une
maison sur les bords de la rivière opposée à une
petite île de la Tamise, que l'on dit avoir tiré son
nom d'*île des Chiens* de cette circonstance, obser-
vèrent un chien qui venait tous les jours auprès
d'eux pour obtenir de quoi manger, et qui, aussitôt
qu'il avait satisfait son appétit, repassait l'eau à la
nage. Dès qu'ils eurent fait part à leur maître de
cette singularité, il leur ordonna de suivre cet animal la première fois qu'il reviendrait. Ils détachè-
rent donc un bateau de la côte et exécutèrent ses
ordres ; le chien, aussitôt qu'il les vit débarquer,

leur témoigna toute la satisfaction qu'il éprouvait, et usa de toute sorte de moyens pour les inviter à le suivre; ce qu'ils firent jusqu'à l'endroit où il s'arrêta. L'animal se mit alors à gratter la terre avec ses pieds, et ne voulut pas bouger de place. La curiosité les porta à faire une fouille dans cet endroit, et ils trouvèrent le corps d'un homme; mais il fut impossible de découvrir qui il était : toutes les mesures ayant été prises pour trouver l'assassin, le cadavre fut enterré, et le chien cessa de continuer ses visites dans l'île.

Le gentleman, plein d'affection pour un animal qui avait fait preuve d'une sagacité si extraordinaire et d'un si grand attachement pour son maître, lui prodigua ses caresses et en fit le compagnon de ses promenades. Il y avait déjà quelque temps qu'il l'avait en sa possession, quand un jour, comme il allait prendre un bateau à Londres, sur les bords de la Tamise, son chien, à qui cela n'était jamais arrivé auparavant, saute sur un marinier : il vint aussitôt dans l'esprit du gentleman que cet homme était le meurtrier du premier maître de ce chien; et sur l'imputation qu'il lui fit de ce crime, celui-ci avoua le fait, fut mis en prison et exécuté quelque temps après.

M. Johnson de Manchester, en voyageant en Écosse, fut surpris par la nuit, et se décida à loger dans une petite auberge sur le chemin, dans l'intention d'y passer la nuit : en entrant dans la maison, il ne trouva qu'une vieille femme qui lui proposa de lui préparer un lit et de mettre son cheval sous un appentis, pourvu qu'il voulût bien l'aider à aller chercher du foin dans le grenier, attendu qu'elle était seule au logis : M. Johnson y consentit, et lorsqu'il eut pris quelques rafraichissemens, elle lui montra sa chambre à coucher.

Un gros chien qui l'accompagnait entreprit de l'y suivre, ce que la vieille chercha de tout son pouvoir à empêcher; mais Johnson voulut l'avoir avec lui. Le chien en entrant dans cette chambre, se mit à grogner; son maître essaya inutilement de l'apaiser : il continua de grogner et regarda sous le lit d'un air furieux, qui détermina son maître à en faire autant : celui-ci, à son grand étonnement, y aperçut un homme; son chien, qu'il excita de la voix, sauta aussitôt sur lui, tandis que M. Johnson, lui mettant le pistolet sur la gorge, lui déclara qu'il allait lui brûler la cervelle s'il faisait la moindre résistance : l'homme se laissa attacher, et déclara qu'il avait eu l'intention d'assassiner M. Johnson, avec un grand couteau qu'il tenait à la main.

Une dame qui demeurait à quelques milles de la capitale, vint dernièrement à Londres pour y toucher de l'argent. Après l'avoir reçu, elle s'en retourna à la campagne, sans qu'il lui arrivât rien de particulier sur la route : il était huit heures du soir quand elle descendit de voiture ; et comme elle était un peu fatiguée, elle alla se coucher d'assez bonne heure. En se mettant au lit, elle fut fort surprise de l'inquiétude que témoignait un petit chien habitué à coucher dans sa chambre : quoique sa maîtresse l'eût invité plusieurs fois à ce taire pour qu'elle pût dormir, cet animal se mit à tirer la couverture du lit, et chercha à la faire tomber. La dame concevant alors que quelque chose d'extraordinaire causait l'agitation de ce petit animal, sauta à bas de son lit, et en femme très-courageuse, passa une jupe, mit à sa ceinture une paire de pistolets qui était toujours dans son cabinet de toilette, et descendit hardiment l'escalier. Elle n'était pas encore en bas, qu'elle aperçut son cocher habillé qui montait un autre escalier. Elle le coucha en joue de l'un de ses pistolets, et lui dit avec beaucoup de présence d'esprit, que s'il n'allait pas se coucher dans l'instant, elle allait faire feu sur lui. Elle passa ensuite dans une salle basse située sur le derrière de la maison, d'où elle entendit des voix confuses : s'approchant aussitôt de la fenêtre, elle déchargea l'autre pistolet du côté d'où venait le bruit ; tout devint calme alors, et elle ne fut plus dérangée de la nuit. Le lendemain matin elle aperçut tout le long de la grande allée de son jardin, des traces de sang qui ne lui permirent pas de douter qu'elle avait atteint un des brigands qui étaient venus pour la voler. Ne croyant pas prudent néanmoins de garder une somme aussi considérable dans sa maison, elle fit atteler les chevaux à la voiture, et se rendit en toute hâte à la ville : après l'avoir déposée en mains sûres, elle alla trouver sir John Fielding (1) et lui conta toutes les circonstances de cette aventure. Ce magistrat, en applaudissant au courage de la dame, lui conseilla de renvoyer sur-le-champ son cocher, et lui promit de faire toutes les recherches qui dépendraient de son ministère et de faire punir les coupables : c'est ainsi que l'exécution d'un assassinat et d'un vol fut prévenue par l'instinct d'un petit animal.

Au mois d'octobre 1803, pendant les inondations dont l'île de Madère fut affligée, il arriva un événement singulier près de la rivière Saint-Jean : un domestique, en s'enfuyant d'une des maisons que la crue des eaux avait renversées, laissa tomber de ses bras un enfant que l'on crut perdu. Le lendemain cependant, on le trouva sain et sauf

---

(1) Célèbre juge de paix, oncle de l'auteur de Tom-Jones.

à côté d'une habitation qui appartenait au propriétaire de cette même maison; le chien était près de l'enfant, et l'on présuma que ce petit malheureux avait été conservé sain et sauf par la chaleur du corps de l'animal.

Un distillateur établi à Chelsea, avait, il y a quelques années, un chien d'une moyenne taille et d'une espèce métis, entre le chien de basse-cour et l'épagneul, qui avait reçu une éducation si complète, qu'il faisait toutes les commissions de la maison et qu'on le regardait comme un animal très-précieux : ce brûleur d'eau-de-vie était dans l'usage de porter à ses pratiques des liqueurs spiritueuses dans des petits barils renfermés dans un sac de grosse toile et placés sur une brouette. Toutes les fois qu'il jugeait à propos de se rafraîchir au cabaret, il arrêtait sa brouette en appelant *Basto* (c'était le nom de son chien), auquel il ordonnait d'un ton péremptoire de veiller au sac, puis s'en allait boire et laissait la brouette au milieu de la rue. Basto restait fidèle à son poste et feignait quelquefois de dormir, ce qui portait les gens oisifs qui voyaient un sac sans maître, à essayer de le voler; mais aussitôt qu'ils cherchaient à s'enfuir avec leur butin, le vigilant animal courait sur eux avec tant d'activité, qu'ils étaient obligés de l'abandonner; ils se trouvaient encore fort heureux d'en être quittes pour quelques coups de dents et de laisser cette séduisante amorce tenter d'autres filoux qui ne devaient pas mieux réussir qu'eux.

Un jour une personne qui avait des affaires à traiter avec le brouilleur, se rendit à la distillerie qui était contiguë à sa maison, et trouvant la porte ouverte, entra dans les ateliers ; elle n'eut pas fait dix pas qu'un aboiement terrible vint frapper ses oreilles ; elle se trouva comme pétrifiée par la terreur, et resta immobile contre la muraille ; dans sa frayeur elle appela du secours, mais les gens de la maison étant à l'autre extrémité du bâtiment, ses cris devinrent inutiles. Ce généreux animal, néanmoins, qui avait sous sa garde un homme alarmé, ne voulut pas tirer avantage de cette situation en recommençant les hostilités, mais il resta parfaitement tranquille jusqu'au moment où la personne chercha à bouger de place : il devint alors plus furieux que jamais : de sorte que le prisonnier n'eut d'autre parti à prendre que de rester fixé comme un terme contre la muraille, tandis que Basto, comme une sentinelle à son poste, se tint ferme sur ses gardes, de peur qu'il n'échappât avant que le monde de la maison ne fût arrivé. Environ vingt minutes après, le maître de la distillerie, en passant de la salle à manger dans ses bureaux, aperçut le prisonnier et Basto qui se promenait en long et en large devant lui : le chien, par ses gestes, sembla témoigner le désir qu'une explication eût lieu. Le maître se mit à rire à gorge déployée aux dépens du pauvre diable, comme celui-ci le fit lui-même quand il fut délivré de son surveillant.

« Un particulier de Londres, dit M. Gibbin,
» avait un chien dont l'attachement était si sin-
» cère, qu'il ne goûtait aucun plaisir en l'absence
» de son maître : celui-ci par conséquent aimait
» beaucoup cet animal. Ce particulier se maria, et
» peu de temps après, le chien parut lui témoi-
» gner moins d'affection et manifester un grand
» malaise : mais voyant que ses maîtres se faisaient
» un plaisir de le caresser, sa satisfaction redoubla
» et il redevint parfaitement heureux. Treize ou
» quatorze mois après ils eurent un enfant ; le
» chien alors indiqua qu'il éprouvait une inquié-
» tude marquée, et il fut impossible de ne pas
» s'apercevoir qu'il était malheureux : les atten-
» tions qu'on avait pour l'enfant accrurent son
» affliction ; il dédaigna sa nourriture, et rien ne
» put le contenter, quoiqu'il fût traité par rapport
» à son chagrin avec la plus grande tendresse. A
» la fin, il alla se coucher dans un cellier, d'où
» aucune sollicitation ne put le faire sortir ; il

» fut sourd à toutes les prières , rejeta toutes les
» marques d'affection , refusa de manger, et per-
» sista dans cette résolution jusqu'à ce que la na-
» ture étant épuisée chez lui , il expira. »

« Je vais citer , continue notre auteur , un autre
» exemple du tendre attachement d'un chien. Le
» grand-père d'un homme aussi aimable qu'il en
» exista jamais , et l'un de mes meilleurs amis ,
» possédait un chien qui était un modèle de fidé-
» lité. Cet homme avait une occupation qui l'obli-
» geait à faire un voyage tous les mois ; son ab-
» sence était de courte durée , et son départ ainsi
» que son retour n'éprouvait aucune variation :
» le chien montrait toujours de l'affliction lorsque
» son maître était parti, et gémissait dans un coin ;
» mais il reprenait sa gaîté à l'approche de son
» retour, qu'il prévoyait à une heure, à une minute
» près ; lorsqu'il avait la conviction que son maître
» était à une petite distance du logis , il courait
» dans tous les endroits de la maison ; et si la porte
» de la rue se trouvait fermée, il ne laissait aucun
» domestique tranquille , qu'il ne la lui eût ou-
» verte : du moment où il obtenait sa liberté, il
» prenait la fuite , et allait à la rencontre de son
» bienfaiteur , précisément à deux milles de la
» ville ; il sautait et caracolait devant lui , jusqu'à
» ce qu'il en eût obtenu un de ses gants avec lequel

» il allait et revenait au-devant de son maître, et
» bondissait de joie à ses côtés jusqu'à ce qu'il
» fût arrivé au logis.

    « Cette habitude ne cessa qu'à l'époque où son
» maître devint infirme et hors d'état de continuer
» ses voyages ; le chien vieillit aussi de son côté et
» perdit la vue ; mais ce malheur ne l'empêcha
» pas de caresser son maître, qu'il distinguait de
» toute-autre personne, et pour lequel ses affec-
» tions et ses sollicitudes ne firent qu'augmenter.
» Cet homme mourut d'une maladie qui dura fort
» peu de temps ; le chien, à qui cette mort ne fut pas
» inconnue, accompagna, quoiqu'il fût aveugle,
» le corps au cimetière ; il avait fait ses efforts
» pour empêcher qu'on ne le mît dans le cercueil,
» et s'était opposé de tout son pouvoir à son trans-
» port hors de la maison : toute espérance lui
» étant ravie, il devint inconsolable, perdit son
» embonpoint et traîna en langueur. Un jour
» qu'il entendit un étranger qui entrait dans la
» maison, il se leva pour aller à sa rencontre ; cet
» homme avait de gros bas drapés à côtes, tels
» que son maître avait coutume d'en porter ; le
» chien, trompé par les apparences, crut que c'é-
» tait le défunt ; mais après un plus long examen,
» ayant reconnu qu'il s'était mépris, il se retira
» dans un coin de la maison, et expira quelques
» instans après. »

Plutarque raconte qu'un homme qui s'était introduit dans le temple d'Esculape, à Athènes, voulut prendre la fuite après avoir volé des offrandes d'argent et d'or massif, ne croyant pas être découvert; mais le chien qui appartenait à ce temple, et qu'on appelait *Cypparas*, s'apercevant que personne ne faisait attention à ses aboiemens, poursuivit le sacrilége, quoique d'abord le voleur l'assaillît à coups de pierres; mais il ne put jamais l'éloigner de lui. Aussitôt que le jour paraissait, le chien s'attachait à ses pas, quoiqu'à une distance assez éloignée, mais sans le perdre de vue: lorsque ce drôle lui jetait de la viande, il la refusait; quand il allait se coucher, le chien montait la garde à sa porte, et le matin, à son lever, il continuait de le suivre, caressant sur le chemin les passans, et aboyant toujours aux talons de cet homme : les gens à la poursuite du sacrilége apprirent cette singularité de ceux qu'ils rencontrèrent, et quelqu'un d'eux ayant dépeint la couleur du chien, ils poussèrent leurs recherches avec plus d'activité. Étant parvenus par ce moyen à arrêter le voleur, ils le ramenèrent à son logement, tandis que l'animal sautait et bondissait de joie devant lui, comme s'il se fût attribué à lui seul les éloges et les récompenses dus à l'arrestation du voleur. Les Athéniens lui témoignèrent tant de reconnaissance, qu'ils décrétèrent qu'une certaine quantité de viande lui serait fournie tous les jours, et qu'ils chargèrent les prêtres de l'exécution de cette loi.

Un Romain fut tué dans les guerres civiles ; mais on n'osa lui couper la tête, parce qu'on redoutait son chien qui l'avait pris sous sa garde, et qui n'en laissait approcher personne. Il arriva que le roi Pyrrhus, en passant dans cet endroit, aperçut cette bête fidèle couchée près du corps de son maître : sur le rapport qu'on lui fit, qu'elle avait passé trois jours sans boire et sans manger, et qu'elle ne voulait pas abandonner le cadavre, il le fit enterrer et donna des ordres pour qu'on lui amenât le chien. Quelques jours après il y eut grande parade ; chaque soldat fut forcé de défiler devant le roi : le chien resta quelque temps fort tranquille à côté du monarque ; mais lorsqu'il vit les meurtriers de son maître, il se jeta sur eux avec fureur en se tournant à tous momens vers le roi. Cette singularité excita les soupçons du monarque et de tous ceux qui l'entouraient : ces hommes furent arrêtés, et quoique les circonstances qui déposaient contre eux fussent très-légères, ils n'en confessèrent pas moins leur crime et reçurent le châtiment qu'ils méritaient.

Plutarque parle encore d'un chien qui ne voulait pas quitter le corps de son maître, après sa mort, et qui, lorsqu'il le vit brûler, s'élança au milieu des flammes de son bûcher. La même chose est rapportée d'un chien qui appartenait à un certain Pyrrhus, non le monarque, mais simple particulier de ce nom. Cet animal, à la mort de son maître, ne voulut pas en abandonner le corps; mais lorsqu'on l'emporta dans sa bierre, il se jeta sur le bûcher et se laissa consumer tout vif.

On voit dans l'église de Lambeth, à Londres, sur les vitraux d'une fenêtre, le portrait d'un homme et d'un chien. La tradition nous informe qu'une pièce de terre contenant un acre et dix-neuf perches qui porte le nom de l'*acre du Porte-Balle*, fut laissé à la paroisse par un porte-balle, à condition que son portrait et celui de son chien seraient perpétuellement conservés sur un panneau de l'une des fenêtres de l'église, ce que les paroissiens ont exécuté avec une exactitude religieuse. Cette donation date de 1504, époque à laquelle cette pièce de terre était louée annuellement deux schelings huit pences; mais dans l'année 1762 elle fut affermée 100 liv. sterling par an, et rapporte aujourd'hui 250 liv de rente.

La raison alléguée pour ce legs, dans la requête du porte-balle, est, qu'étant très-pauvre, et passant sur cette pièce de terre, il ne put jamais parvenir à forcer son chien de quitter un endroit où il n'avait cessé de gratter qu'il ne se fût fait remarquer par son maître. Celui-ci, étant revenu sur ses pas, et ayant frappé la terre avec son bâton, sentit quelque chose de dur, et reconnut que c'était un pot rempli d'or : il acheta le terrain d'une partie de son argent et s'établit dans la paroisse, à laquelle il laissa son champ aux conditions ci-dessus rapportées.

M. Vaillant, dans le cours de ses voyages en Afrique, perdit un jour une petite chienne favorite qu'il avait amenée avec lui : après l'avoir appelée à grands cris et avoir tiré plusieurs coups de fusil, pour lui faire distinguer, s'il était possible, l'endroit où était la compagnie, il ordonna à l'un de ses Hottentots de monter à cheval et de retourner sur ses pas, à quelque distance, pour aller à sa rencontre. Au bout de quatre heures, l'homme revint avec ce petit animal, qu'il tenait devant lui sur la selle, portant en même temps une chaise et un panier qui étaient tombés sur la route, d'un des chariots. La chienne fut trouvée à la distance de deux lieues, couchée sur le chemin et gardant la chaise et le panier : si cet homme n'eût pas réussi dans ses recherches, il est indubitable qu'elle fût morte de faim ou qu'elle fût devenue la proie des bêtes féroces, dont ces plaines abondent.

L'anecdote suivante, racontée sur l'autorité de feu le docteur James, fournit une preuve convaincante de la sagacité du chien, relativement à la terreur que lui inspire l'hydrophobie.

Une personne qui était dans l'habitude de se rendre tous les jours chez le docteur, était tellement aimée de trois épagneuls à lui appartenans, qu'ils ne manquaient jamais de sauter sur ses genoux et de la caresser pendant tout le temps qu'elle restait chez le docteur. Il arriva que cette personne fut mordue d'un chien enragé, et le premier jour où elle se trouva sous l'influence de cette affreuse maladie, ils s'enfuirent tous d'elle, jusque sur les marches du grenier, aboyant, hurlant et manifestant tous les signes de la plus grande consternation : cette personne eût le bonheur de se guérir, mais les chiens furent plus de trois ans sans vouloir se réconcilier avec elle.

Il y a quelques années qu'un membre du parlement avait une meute de chiens, parmi lesquels était une chienne favorite qui jouissait de la liberté d'entrer dans le salon. Cette chienne avait des petits, et un jour le député, pendant que l'animal était absent, les prit et les noya, quelques instans après, la chienne ne les trouvant plus dans sa loge, les chercha partout et les trouva noyés dans la rivière : elle les apporta les uns après les

autres aux pieds de son maître; et quand elle y
eut déposé le dernier, elle le regarda en face,
et expira sous ses yeux. On assure que cette anecdote a été rendue publique, pour la première fois,
sur la déclaration de l'épouse du député.

On raconte encore qu'un gentilhomme connu
pour parler très-durement à son piqueur, à la chasse,
se trouva tellement formalisé d'une réponse de cet
homme, qu'il lui donna son compte sur le lieu
même. Le piqueur, après lui avoir remis son cheval, monta dans une charrette de marchand de
lapins et s'en alla. Le lendemain matin, comme
ce gentilhomme partait pour la chasse avec sa
meute, ses oreilles furent frappées de la voix de
son piqueur, qui se mit à appeler ses chiens de
toutes ses forces; aucun de ces animaux ne voulut
en conséquence quitter le pied d'un arbre où cet
homme s'était perché : le gentilhomme brûlait
d'envie de chasser, mais il lui était impossible de
disposer de sa meute; et il fut en conséquence
obligé d'éviter des deux maux le pire, et de reprendre le drôle à son service.

Le chien a une mémoire très-sûre et très-fidèle,
ainsi qu'on le verra par les anecdotes suivantes.

Un de ces animaux, qui avait été le favori d'une
dame fort âgée, témoigna long-temps après sa
mort, les plus vives émotions à la vue de son portrait qu'il avait vu pour la première fois.

Un comédien avait une perruque qu'il était dans l'usage d'attacher à un clou dans sa chambre; un jour il prêta cette perruque à un de ses confrères, qu'il alla voir quelque temps après; il était accompagné de son chien, et ce confrère avait par hasard, ce jour-là, la perruque d'emprunt sur sa tête. L'acteur resta quelque temps chez son ami; mais lorsqu'il le quitta, le chien, qui évita de le suivre, resta pendant quelque temps à regarder en face l'emprunteur; puis, prenant son élan, il sauta sur ses épaules, se saisit de la perruque, et s'enfuit à toutes jambes. Quand il fut arrivé à la maison, il s'efforça, en sautant, de la rattacher à sa place ordinaire, sans cependant y parvenir.

Nous allons rapporter ici l'anecdote suivante d'une adoption extraordinaire, d'après une autorité très-respectable. « Un fermier demeurant à Hainton, près de Market-Raison, dans le Lincolnshire, perdit, il y a quelques années, une brebis qui avait deux agneaux. Le hasard permit qu'il eût à cette époque, une chienne avec des petits; comme ces chiens lui devenaient inutiles, il les noya, et mit les agneaux orphelins en leur place. Cette chienne leur donna à téter et les éleva avec une tendresse vraiment maternelle. Un an après que ces nourrissons eurent renoncé à sa protection et à sa société pour suivre un genre de vie plus conforme à leur nature, la même chienne entendit le bêlement d'un agneau qu'un enfant portait; elle courut aussitôt au panier dans lequel il était renfermé, et étant parvenue à le mettre à terre, elle fit tous ses efforts pour le délivrer de sa prison; n'ayant pu y réussir, elle lui témoigna toutes sortes de marques d'attachement. »

Les chiens sont capables de soutenir une longue abstinence; le trait suivant, sur la vérité duquel on peut compter, en offre la preuve. En 1789, pendant que l'on faisait des préparatifs à Saint-Paul pour la réception de Sa Majesté, une chienne monta avec son maître l'escalier sombre du dôme; parvenue à la dernière marche, elle disparut tout à-coup, et ce fut en vain qu'on se mit à l'appeler et à la siffler. Soixante deux jours après, des vitriers, en travaillant dans cette cathédrale, entendirent, entre les bois de la charpente qui supporte le dôme, des sons plaintifs; présumant qu'ils provenaient de quelque infortuné qui avait fait une chute, ils attachèrent une corde autour du corps d'un enfant, et le descendirent dans l'endroit d'où provenaient ces accens; il trouva au bas de cette charpente une chienne en vie, le squelette d'un chien, et un vieux soulier à demi rongé. L'humanité de l'enfant le porta à tirer

l'animal de la malheureuse situation où il se trouvait; il le remonta en conséquence dans un état
de maigreur affreuse et pouvant à peine se soutenir; les ouvriers le placèrent sous la porte de
l'église, et s'en allèrent sans s'occuper de lui davantage. Il était alors dix heures du matin; quelques instans après, on vit la chienne faire des
efforts pour traverser la rue, au bout de Ludgate-
Hill; mais sa faiblesse était si grande, qu'elle ne
put y parvenir. L'état malheureux de cet animal
excita la compassion d'une jeune fille, qui le
porta; la chienne, dès qu'elle fut remise à terre,
se traîna, à l'aide des maisons, au logis de son
maître, et s'étendit sur les marches de l'escalier
de sa porte, après avoir été dix heures dans son
voyage de Saint-Paul à cet endroit. Cette bête était
si changée, les orbites de ses yeux étaient si enfoncés dans sa tête qu'on pouvait à peine les voir.
Son maître donc ne fit qu'un très-froid accueil à ce
fidèle serviteur, dont le poids, lorsqu'il disparut,
était d'environ vingt livres, et qui ne pesait plus
alors que trois livres quatorze onces; il indiqua
qu'il reconnaissait son maître en agitant sa queue,
lorsqu'il prononça le nom de Phillis. Plusieurs
semaines s'écoulèrent avant qu'il pût boire et manger, et sa maîtresse soutint ses forces en lui donnant à boire dans une cuiller à café. Si l'on demande

comment cet animal a pu vivre deux mois sans nourriture, je répondrai que cette chienne était prête à mettre bas quand on la perdit, et qu'il n'y a pas de doute qu'elle n'ait mangé ses petits; que le squelette du chien trouvé à côté d'elle indique aussi que cet animal avait servi à sa subsistance, et qu'ensuite la pauvre Phillis s'était procuré un nouvel aliment dans le soulier qu'on avait trouvé à moitié rongé.

Les détails suivans serviront encore à prouver l'intelligence du chien. Le chevalier Gaspard de Brandenberg fut enseveli avec son domestique sous une avalanche, comme ils traversaient le mont Saint-Gothard, dans le voisinage d'Airolo. Le chien qui les accompagnait, et qui avait échappé à cet accident, ne quitta pas les lieux où il avait perdu son maître: heureusement l'endroit n'était pas éloigné d'un couvent. Le fidèle animal gratta la neige et hurla très-long-temps de toutes ses forces; mais il courut au couvent à plusieurs reprises, et revint autant de fois sur ses pas. Les gens de la maison, étonnés de cette persévérance, le suivirent le lendemain matin; il les mena directement dans l'endroit où il avait gratté la neige; et le chevalier ainsi que son domestique furent retirés sains et saufs de dessous l'avalanche, après y avoir resté pendant l'espace de trente-six heures : ils avaient entendu très-distinctement les aboiemens et les hurlemens de ce chien, ainsi que toute la conversation de leurs libérateurs. Sensible à l'attachement de l'animal auquel il devait la vie, le chevalier Gaspard ordonna, à sa mort, qu'il serait représenté sur sa tombe avec son chien. On montre encore aujourd'hui à Zug, dans l'église de Saint-Oswald, la tombe et le portrait de ce magistrat représenté avec un chien à ses pieds.

L'anecdote suivante peut être ajoutée à la longue liste des honorables exemples de l'attachement du chien pour son maître. Le garde-chasse du vénérable M. Corsellis avait élevé un épagneul, qui ne le quittait jamais, ni le jour ni la nuit : partout où le vieux Daniel était, Dash s'y trouvait aussi. Il ne s'occupait en aucune manière de chasse, lorsque l'obscurité étendait son voile sur la nature : mais dès que le soleil éclairait l'horizon, il n'y avait pas d'épagneul qui sût mieux que lui quêter et découvrir le gibier : si, la nuit, quelque étranger avait mis le pied sur les terres de M. Corsellis, il informait le garde-chasse par un cri plaintif ou un gémissement rempli d'expression que l'ennemi était en présence, et nombre de braconniers avaient été découverts par ce mode d'avertissement. Après de longues années d'une étroite intimité entre le chien et son maître, le vieux Daniel fut attaqué de la consomption, dont il mourut. Tout le temps que les progrès de cette maladie lente et funeste lui permirent de se traîner dans les champs, Dash suivit ses pas comme de coutume; mais lorsque la nature épuisée le consigna dans son lit, ce chien officieux resta auprès de lui; enfin quand il mourut, ce fidèle animal se coucha à côté de son corps: ce fut avec beaucoup de peine que l'on parvint à le faire manger; et, quoique après les funérailles on l'eût emmené dans le salon de M. Corsellis, où toutes sortes de caresses lui furent prodiguées, il saisissait toutes les occasions de s'échapper et de se rendre à la chaumière où son maître avait fini ses jours; il y restait des heures entières, et n'en sortait que pour aller visiter la fosse. Au bout de quatorze jours, malgré toutes les attentions que l'on eût pour lui, il mourut de langueur.

La fidélité du chien est consignée dans les titres de l'ordre de l'Éléphant, institué par Christian 1er., roi de Danemarck, en 1463. L'origine de cette institution procède de ce que ce roi ayant été abandonné dans un instant très-critique, par ses courtisans, à une époque où il avait besoin de leur assistance, ce contraste de la fidélité du chien qui se nommait Wildbrat, avec l'ingrati-

tude des hommes dont il avait été le bienfaiteur,
fit une telle impression sur lui, qu'il consacra ce
fait par les lettres initiales suivantes, placées sous le
pied de l'éléphant, T. I. W. B., qui, dans la
langue du pays, signifiait en abrégé, *fidèle est
Wildbrat.*

Le chien de l'infortunée reine de France mérite de trouver place ici : Marie Antoinette avait
une petite chienne, nommé Thisbé, qui l'avait
suivie dans le triste séjour de la tour du Temple,
et qu'elle aimait beaucoup, parce qu'indépendamment de sa rare beauté, de son intelligence et de
sa vivacité, elle était extrêmement douce et des
plus caressantes. Lorsque cette princesse fut trans-
férée à la conciergerie, Thisbé, ne pouvant monter
dans la voiture, courut pour la suivre, et ne la
perdit point de vue ; mais on ne la laissa point
entrer dans cette autre prison. Ce fidèle animal
attendit long temps au guichet, où il fut maltraité
par les soldats, qui lui donnèrent des coups de
baïonnettes. Ces mauvais traitemens n'ébranlèrent
point sa constance ; il resta toujours près de l'endroit où était sa maîtresse, et lorsqu'il se sentait
pressé par la faim, il allait dans quelques maisons
voisines du Palais de Justice, chercher à manger ;
et revenait aussitôt après se coucher à la porte de
la conciergerie.

Mademoiselle Arnaud , jeune marchande de modes, prit un soin particulier de Thisbé , et l'accueillit au péril de sa tête; car c'était un crime alors de manifester quelque pitié pour tout ce qui restait attaché à la famille royale.

Lorsque la reine fut conduite à la mort, le fidèle animal suivit la charrette d'un air consterné, comme s'il eût pressenti le sort funeste réservé à cette illustre princesse. Au moment du sacrifice, ses hurlemens lamentables annoncèrent sa douleur. Un révolutionnaire, irrité de la fidélité de ce chien, lui perça la cuisse d'un coup de pique. Le malheureux animal, quoique blessé, revint à la porte de la prison, et y demeura constamment.

Ce beau trait d'attachement s'était répandu parmi le peuple, et tout le quartier parlait de Thisbé , connue sous le nom de *chien de la Reine*. Mademoiselle Arnaud , craignant avec raison d'être arrêtée comme royaliste, et de devenir la victime de l'intérêt qu'elle témoignait à la petite chienne, la cacha chez sa sœur, dans une maison située sur le pont Saint-Michel.

Thisbé se voyant ainsi renfermée loin des lieux qu'avait habités son auguste maîtresse, ne voulut point prendre de nourriture; elle devint sauvage, effarée; et trouvant un jour la fenêtre de la chambre oüverte , elle se précipita dans la Seine , et y périt.

La fille de Louis XVI et de Marie-Antoinette, présentement dauphine de France, en sortant de cette tour du Temple emmena un chien qui avait été le compagnon de son jeune et auguste frère, et le seul témoin compâtissant de ses longues souffrances à elle-même. L'extrême attachement de ce bon animal a causé sa perte, à Varsovie. Pour courir vers sa maîtresse, il s'élança d'un balcon du palais Poniatowski, et il expira sous les yeux de l'illustre fille de France, qui le regretta beaucoup. Un petit monument est élevé dans les jardins de ce palais, pour conserver le souvenir d'un chien si aimant.

Citons encore ce trait d'un lévrier du duc d'Enghien, qui, dans l'horrible catastrophe de son maître, déploya un instinct, nous serions presque tenté de dire un sentiment des plus admirables, si nous ne craignions pas de faire honte à l'espèce humaine. Ce chien suivit tous les mouvemens du prince dans la nuit fatale où l'on vint l'arrêter à Ettenheim; il ne le perdit pas de vue un seul instant, quoique repoussé de tous côtés par les soldats de Bonaparte. On le tint écarté du bateau qui transportait le duc de l'autre côté du Rhin; mais il passa le fleuve à la nage pour ne point abandonner son maître. Ce fut le seul être qu'on permit à l'illustre captif d'emmener, lorsqu'il quitta la citadelle de Strasbourg ; ce fut le seul consolateur qu'on lui souffrit dans le donjon de Vincennes.

Aussitôt qu'après l'inique arrêt, ce jeune Bourbon eût tombé sous le plomb meurtrier, il fut précipité dans la fosse creusée la veille, et on roula une pierre énorme sur sa tête..... Les hurlemens du chien furent épouvantables, ils semblaient reprocher aux hommes leur férocité..... Ce fidèle animal ne voulut plus quitter la tombe où il poussait sans cesse des cris lamentables, indices certains du chagrin qui le consumait. Le commandant de la forteresse en prit soin tant qu'il vécut : un jour on le trouva expiré de douleur sur la tombe. De braves gens qui déploraient le triste sort du jeune prince, conservèrent la dépouille du pauvre chien qu'ils firent empailler, et il a été ainsi transmis à M. le Marquis de Bethisy, noble compagnon d'armes du duc d'Enghien.

M. Antoine Chambilland, auteur de la vie du prince de Bourbon-Condé, rend compte du trait suivant : « Au commencement de l'année 1795, l'armée Condéenne allait prendre ses cantonnemens près de Rothembourg. A un froid excessif, avait succédé un dégel subit qui rendait les chemins impraticables. Quelques légions à pied marchaient avec difficulté dans un ravin étroit et tellement plein d'eau que chaque homme en avait jusqu'à la ceinture ; une masse de glaces et de neiges fondues, vomie sans doute par quelque source montagneuse, fut tout-à-coup charriée avec une telle rapidité dans le ravin, qu'il n'y eut plus d'autre moyen de salut qu'en gravissant après les tertres qui bordaient la route. Un tambour traî nard, qui n'avait pas vu le danger, se trouvait alors dans la partie basse du ravin ; il fut bientôt entraîné par les eaux. Son chien s'aperçoit de sa détresse, court à la nage, le saisit par ses vête- mens, et l'amène près d'un saule, ou du moins il peut résister au torrent en s'accrochant à une branche. Par le malheur la branche casse, et le tambour retombe dans le torrent toujours grossis- sant et de plus en plus impétueux. Son chien qui avait lutté avec des efforts inouïs contre les flots et les monceaux de glaces, le saisit encore et le ramène au même endroit. Plus heureux cette fois, le pauvre submergé se suspend à une branche moins faible, mais pas assez forte pour qu'il puisse s'en servir pour se hisser au-dessus du terrain, et il demeure dans cette cruelle situation. Alors l'animal bon nageur s'emparant du mouchoir de son maître, cherche et trouve quelques points saillans qui le conduisent à un sentier étroit ; il s'y élance, et ce signe à la gueule, il va à chaque personne qu'il rencontre, le lui fait remarquer par ses démonstrations les moins équivoques, et ne cesse pas d'implorer du secours, jusqu'à ce qu'on l'ait compris, et qu'enfin on arrive au-dessus du monticule auprès duquel il a laissé son maître. On parvient à retirer ce malheureux, et il était temps, car ses forces défaillantes ne lui permettaient plus de garder sa pénible attitude. A quelques jours delà, ce tambour fut désigné au prince qui lui dit : « Comment s'appelle » ton chien ? — *La Flute*, monseigneur. — Eh » bien appelle-le *Fidèle*; il mérite de porter ce » nom, dont chaque émigré s'honore. »

Dans ses intéressans *mémoires*, madame la marquise de La Roche-Jacquelin nous dit que les chiens des paysans Vendéens servaient d'éclaireurs à ces braves, armés pour la cause royale, et ne manquaient jamais d'accourir les prévenir de l'arrivée des détachemens républicains, qu'ils savaient distinguer à leur uniforme. Il est dit dans les *réflexions militaires*, de Santa-Crux, qu'en 1702, Philippe V, fit nourrir à Porto-Hercole et au fort de l'Étoile, des chiens qui surveillaient les Autrichiens en garnison à Orbitello et au fort Saint-Etienne. Le roi d'Angleterre Georges II, avait donné une pension alimentaire à un lévrier nommé *Mustapha*, qui, à la bataille de Fontenoi, resté seul auprès d'une pièce de canon, s'empara de la mèche encore allumée entre les mains de son maître qui venait d'être tué, mit le feu à la pièce et renversa soixante-dix hommes qui s'avançaient pour s'en emparer.

Nous terminerons l'énumération des bonnes qualités du chien, par deux anecdotes extraites des Annales Européennes, et où l'on verra que le caractère aimant et sensible de cet animal a fait, par momens, réfléchir sur le cruel fléau de la guerre, l'homme extraordinaire qui s'y est par trop livré dans ces derniers temps.

Lors de la mémorable bataille de Castiglione, et au moment où les Français, ayant rompu les rangs des Autrichiens, les poursuivaient avec une ardeur sans égale, Bonaparte arriva à l'endroit où le combat venait d'être le plus opiniâtre. Parmi des monceaux de cadavres, un seul être vivant s'offre à sa vue : c'était un barbet. Ce fidèle animal avait les deux pattes de devant appuyées sur la poitrine d'un Autrichien ; ses longues oreilles couvraient ses yeux fixés sur ceux de son maître, qui n'était plus. Le barbet était absorbé par l'objet de son attachement, et le bruit ne pouvait ni distraire son attention, ni changer son attitude. Le vainqueur, frappé de ce spectacle, arrête son cheval, et montre à ceux qui étaient autour de lui, l'animal qui attire ses regards. Le chien quitte un instant son attitude, porte les yeux sur Bonaparte, et reprend sa première posture ; mais il y avait eu dans son coup-d'œil, une éloquence muette que le langage ne saurait exprimer : il semblait avoir adressé au guerrier le reproche le plus douloureux. Bonaparte donna sur le champ l'ordre de suspendre le carnage.

Voici le second trait, qui arracha au conquérant des paroles que les historiens se sont plûs à recueillir. Le champ où se livra la bataille de Bassano était couvert de soldats ennemis tués. Curieux d'apprécier par lui-même la perte des ennemis, Bonaparte le parcourait le soir, accompagné de son état-major. Tandis qu'avec cette froide impassibilité que donne l'habitude de la guerre, ces officiers évaluent le nombre des hommes sacrifiés dans cette journée, de cette foule silencieuse s'élèvent tout-à-coup des gémissemens, des hurlemens, qui augmentent à mesure qu'on approche du point d'où ils sortent : c'étaient ceux d'un chien fidèle à son maître et qui veillait sur le cadavre d'un soldat. La sensation que produisit l'aspect de ce pauvre animal sur ces officiers, fut aussi prompte que l'éclair. Rappelés à des sentimens naturels, ils virent enfin des victimes, là où ils ne comptaient que des masses d'ennemis de moins. « Messieurs, leur dit Bona-
» parte, en interrompant ce triste dénombrement,

» messieurs, retirons-nous : ce chien nous donne
» une leçon d'humanité. »

LE CHAT SAUVAGE.

Ce quadrupède, d'où proviennent toutes les variétés du chat domestique, se trouve en Europe et en Asie ; on le rencontre aussi quelquefois dans les parties couvertes des bois peu fréquentés.

Il a la tête et les membres plus gros que ceux du chat domestique : sa couleur est d'un fauve pâle, mêlé de longues raies brunes, dont celles qui sont sur le dos sont marquées en long, et celles sur les côtés transversalement et dans une direction courbée ; sa queue est plus large que celle du chat domestique, et annelée de cercles tirant sur le noir ; la femelle met bas dans des creux d'arbre, et donne quatre petits par ventrée.

On prend les chats sauvages dans des trappes, ou on les tire à coups de fusil. Dans ce dernier cas, il est dangereux de ne pas les tuer roides ; car s'ils ne sont que blessés, ils se jettent sur le chasseur, et ils sont d'une si grande force qu'il est difficile d'en triompher.

Il existe, au village de Barnboro, dans le comté d'Yorck, une tradition d'un combat terrible qui eut lieu un jour entre un homme et un chat sauvage. Les habitans du pays assurent que cette lutte commença dans un bois contigu à ce village, et qu'elle se prolongea jusque sous le porche de l'église, où elle se termina d'une manière funeste pour les combattans; car ils moururent tous deux des blessures qu'ils s'étaient mutuellement faites. Un tableau dans cette église représente l'événement en traits grossiers; et les teintes rouges, probablement naturelles, de quelques pierres, ont été interprétées comme des taches de sang, quoique tout le savon et l'eau dont on se soit servi jusqu'à ce jour n'aient pu parvenir à les effacer.

Jamerai-Duval, qui, de petit pâtre devint un savant du premier ordre, raconte dans ses œuvres, le combat qu'il livra à un chat sauvage dans la forêt de Lunéville, et d'où il ne sortit vainqueur qu'après une lutte des plus opiniâtres, et ayant la tête toute ensanglantée des meurtrissures que lui avait faites ce fougueux animal.

Le chat domestique est très-sujet à devenir sauvage dans l'île de la Jamaïque, à raison de la nature abondante qui s'y trouve en tout temps au milieu des bois et des montagnes : pour remédier à cet inconvénient, les habitans de ce pays fendent et coupent les oreilles de cet animal, à l'effet d'exposer ses organes délicats à la pluie et à la rosée; et ces moyens ont rempli parfaitement le but proposé.

En Angleterre, les chats domestiques passent aussi quelquefois à l'état sauvage ; quand cela arrive, ils font des dégâts considérables dans les faisanderies, et détruisent plus de gibier que tous les autres animaux de proie.

Seize de ces chats sauvages furent tués dans une bruyère de sir Harry John Mildway, par une meute de chiens courans qui, pendant quatre jours, avaient chassé le renard : on prend ordinairement ces animaux avec des trappes dans lesquelles l'amorce est couverte de valériane. (1)

Les chats sauvages étaient autrefois mis en Angleterre parmi les bêtes comprises dans les plaisirs de la chasse, comme on le voit par une charte octroyée par Richard II, à l'abbé de Peterborough, et par laquelle il lui accorde la permission de chasser le lièvre, le renard et le chat sauvage : on se servait aussi de leur fourrure pour doubler les robes de femmes ; mais il ne paraît pas qu'elle fût un objet de grand luxe, car une loi défendait aux abbesses et aux nonnes, de porter aucun vêtement qui fût plus coûteux que ceux qui étaient de peau de chat ou de peau d'agneau.

---

(1) Le chat aime beaucoup à se rouler sur cette plante aromatique.

Dans l'hiver de décembre 1817, à mars 1818, les habitans d'Olmutz furent bien surpris de voir que tous les chats de la ville avaient pris le parti d'émigrer ensemble un beau jour de février, pour mener au dehors la vie sauvage. Les journalistes du pays, en publiant cette nouvelle, confessèrent qu'ils étaient fort embarrassés d'expliquer ce phénomène, et se contentèrent de remarquer fort-judicieusement qu'au moins les souris d'Olmutz n'auraient jamais passé un meilleur carnaval.

LE CHAT DOMESTIQUE.

Les mœurs et les dispositions de ce quadrupède semblent être entièrement changées par l'éducation ; et, quoiqu'il ne montre pas pour l'homme un attachement aussi affectueux que le chien, il n'est dépourvu ni de douceur ni de reconnaissance : M. Pennant en cite un exemple remarquable dans l'histoire de Londres. Henri Wriothsly, comte de Southampton, ami et compagnon d'armes du comte d'Essex, dans sa fatale insurrection, ayant été pendant quelque temps renfermé à la Tour, fut un soir fort surpris par la visite de son chat, qui pénétra jusqu'à lui en descendant par la cheminée de son appartement.

M. Bingley raconte l'anecdote suivante, comme une preuve irrécusable de la sagacité de cet animal : Un homme, dit-il, avait un chat et un chien qui, ne pouvant s'accorder ensemble, se livraient de temps à autre de violens combats, dans lesquels le chien finit par remporter une victoire si complète que le chat fut obligé de s'enfuir et d'aller chercher un refuge ailleurs. Plusieurs mois se passèrent, pendant lesquels le chien resta seul à la maison; au bout de ce temps, il fut empoisonné par une domestique dont il avait trop souvent trahi les intrigues nocturnes, et on le transporta de la chambre où il couchait, dans la cour : on vit le chat observer d'un toit voisin les mouvemens de différentes personnes qui étaient venues le voir, et quand tout le monde fut retiré, il descendit de son toit, et se glissa avec précaution auprès de ce chien ; il hasarda même de s'en approcher, et, après avoir touché à plusieurs reprises l'animal avec ses pattes, il parut convaincu que cet ancien antagoniste ne pourrait plus l'insulter, et depuis ce moment il revint à son ancienne résidence et à ses anciennes habitudes.

« Un chat, dit le docteur Smellie, fréquentait
» un cabinet dont la porte fermait à un loquet
» ordinaire ; une fenêtre était située près de cette
» porte, et quand celle-ci était close l'animal ne

» s'en embarrassait nullement , car aussitôt qu'il
» s'ennuyait de se voir enfermé , il montait sur
» l'embrasure de la fenêtre, et avec ses pattes le-
» vait doucement le loquet et s'en allait. »

Dans l'été de 1800 , un médecin de Lyon fut prié de venir visiter le corps d'une femme qui avait été assassiné ; il se rendit en conséquence chez la défunte , où il la trouva étendue sur le carreau et baignée dans son sang ; un gros chat blanc était à l'extrémité de la chambre , sur la corniche d'une armoire , où il paraissait s'être réfugié ; il était immobile et tenait les yeux fixés sur le cadavre : son attitude et ses regards exprimaient un saisissement d'horreur et d'effroi. Le lendemain matin on le trouva dans la même situation , et lorsque la pièce fut remplie d'officiers de justice et de la garde, ni le bruit des armes, ni la conversation à voix élevée de la compagnie, ne purent en la moindre chose détourner son attention ; aussitôt néanmoins que les prévenus furent amenés devant le cadavre , les yeux de l'animal étincelèrent de rage, son poil se hérissa et il s'élança au milieu de la chambre , où il s'arrêta un instant pour les regarder , puis il s'enfuit précipitamment sous le lit. La contenance des assassins se trouva déconcertée, et ils sentirent pour la première fois , pendant le cours de cette

confrontation , que leur atroce audace les aban-
donnait.

L'assiduité avec laquelle la chatte soigne ses
petits, et le plaisir qu'elle paraît éprouver à être
témoin de leurs jeux , est un spectacle très-amu-
sant pour un observateur attentif : on a vu cet
animal allaiter avec beaucoup de tendresse, non-
seulement ses petits , mais encore ceux des quadrupèdes d'une autre espèce.

Un jeune garçon, dit M. White dans son Histoire naturelle de Selborne , prit un jour trois
jeunes écureuils dans leur nid. Il mit ces petits
animaux près d'une chatte qui venait de perdre
sa progéniture, et elle les nourrit avec la même
tendresse que s'ils eussent été les siens. Tant de
personnes vinrent voir ces petits écureuils allaités
par une chatte, que cette nourrice en prit de l'ombrage, et conçut de l'inquiétude pour leur sûreté ;
elle alla en conséquence les déposer sur le ciel
d'un lit, où l'un d'eux mourut.

Un exemple d'adoption plus étonnant encore
se fit remarquer, il y a quelques années, dans la
maison de M. Greenfield : une chatte avait des petits auxquels elle procurait fréquemment pour les
nourrir, des souris et autres petits animaux ; elle
leur apporta aussi un jeune rat ; ses nourrissons,
qui probablement n'étaient point affamés, jouèrent

avec lui, et quand la mère leur donna à téter, le jeune rat s'attacha à sa mamelle ; cette singularité ayant été remarquée par les gens de la maison, M. Greenfield se fit apporter les petits chats et le rat, et les étendit sur le parquet ; il observa que la chatte en les rapportant avait pris autant de précaution pour le jeune rat que pour chacun de ses petits. Cette expérience fut répétée autant de fois qu'il vint de la compagnie pour la voir, et un grand nombre de personnes furent témoins de cette affection surnaturelle.

Il est très-rare de voir des chats aussi attachés à l'homme que le chien ; toute leur affection semble se borner à la maison dans laquelle ils ont été élevés ; on a vu très-souvent des chats revenir, de leur propre mouvement, de l'endroit où ils avaient été transportés, quoiqu'à la distance de plusieurs milles, et même traverser des rivières sans avoir pu acquérir aucune connaissance du chemin qu'ils suivaient.

Il n'est pas d'expérience plus amusante que celle de placer un chat pour la première fois devant un miroir ; l'animal, surpris et content de sa ressemblance, fait différentes tentatives pour toucher à ce nouvel objet ; enfin, voyant que ses efforts sont inutiles, il regarde derrière le miroir, et paraît singulièrement étonné de l'absence de la figure ; il se considère de nouveau, et cherche à palper l'image avec ses pieds, regardant toujours par intervalles derrière la glace ; il devient ensuite plus scrupuleux dans ses observations, et se met à faire des expériences en étendant ses pattes en différens sens, et lorsqu'il voit que ses mouvemens sont fidèlement répondus par la figure qui est dans le miroir, il paraît enfin convaincu de la véritable nature de l'objet qui l'occupe.

L'opinion généralement reçue que le chat voit clair la nuit n'est pas littéralement vraie, mais il est certain qu'il voit avec beaucoup moins de clarté que les autres quadrupèdes, à raison de la structure particulière de ses yeux, dont la pupille peut se dilater et se contracter proportionnellement au degré de lumière dont ils sont affectés : il y a donc contraction perpétuelle de cette pupille pendant la nuit chez le chat, et ce n'est, pour ainsi dire, que par efforts qu'il voit à une grande lumière, au lieu que dans le crépuscule elle prend sa rondeur naturelle ; l'animal alors voit parfaitement, et profite de cet avantage pour reconnaître, attaquer et surprendre sa proie.

La robe ou fourrure du chat étant, en général, toujours propre et sèche, elle donne des étincelles électriques lorsqu'on la frotte ; et si, dans l'hiver, après avoir placé un chat, d'un pelage parfaitement net et sec, sur un escabeau dont les pieds soient de verre ou isolés d'une manière quelconque, on lui passe quelque temps la main sur le dos, en le mettant en contact avec un fil de laiton qui aboutisse à la bouteille de Leyde, cette bouteille sera complètement chargée d'électricité.

Les chats étaient estimés tellement autrefois en Angleterre, qu'on mettait la plus grande importance à leur conservation ; c'est pour ce motif que Howel Lebon, prince de Galles, mort en 948, rendit une loi qui fixa le prix de différens animaux parmi lesquels fut compris le chat, comme étant alors très-rare et d'une grande utilité.

Le prix d'un petit chat, avant qu'il eût les yeux ouverts, était fixé à deux pences, jusqu'au moment où l'on pouvait fournir la preuve qu'il avait pris une souris ; après quoi il était payé quatre pences, somme considérable à cette époque, où la valeur des espèces était très-élevée. La loi exigeait pareillement que l'animal fût parfait dans les sens de l'ouïe et de la vue, qu'il sût bien faire la chasse aux souris, qu'il eût les griffes entières ; et si c'était une femelle, qu'elle fût bonne nourrice ; s'il péchait par quelqu'une de ces qualités, le vendeur était condamné à la restitution d'un tiers de la somme reçue. Quand quelqu'un était surpris à voler ou à tuer un chat dans les greniers du prince , il payait pour ce délit une amende qui consistait en une brebis avec sa toison et son agneau , ou une quantité suffisante de froment pour couvrir ce même chat suspendu par sa queue , et dont la tête touchait à terre.

M. Baumgarten nous apprend que quand il était à Damas, il y vit une espèce d'hôpital pour les chats ; la maison dans laquelle on les renfermait était très-spacieuse , fermée de murs , et entièrement remplie de ces animaux : sur la demande qu'il fit de l'origine de cette institution , on lui répondit que Mahomet , lorsqu'il demeurait dans cette ville , avait avec lui un chat qu'il y avait apporté , qu'il tenait toujours dans ses manches , et qu'il nourrissait très-soigneusement de ses propres mains. Ses sectateurs , dans cette capitale , ont toujours marqué depuis ce temps-là , un respect superstitieux pour cet animal , et ont pourvu à sa subsistance par des aumônes publiques.

Le fait curieux que nous allons citer se trouve rapporté dans l'histoire naturelle de ce quadrupède, par le docteur Anderson. Une chatte qui appartenait à M. Conventry , savant professeur d'agriculture à Edimbourg, et qui n'avait aucun défaut en venant au monde , perdit par accident sa queue quand elle était jeune ; elle eut plusieurs portées , et dans chacune d'elles il y eut toujours un de ses petits qui était dépourvu de cette portion du corps en tout ou partie.

Il est généralement reconnu que le chien atteint quelquefois le plus haut degré de la sagacité humaine ; l'exemple suivant de courage et d'affection maternelle dans une chatte, prouvera que cet animal n'est pas moins digne de notre admiration.

Une chatte qui avait un grand nombre de nourrissons, les mena un jour, par une belle matinée du printemps, jouer au soleil devant la porte de l'écurie de la ferme qu'elle habitait ; tandis qu'elle partageait leurs amusemens folâtres, ses petits furent aperçus par un gros faucon qui planait au-dessus de la grange, dans l'attente de quelque proie, et qui, en même temps, fondit avec la rapidité de l'éclair sur un de ses nourrissons. L'oiseau de proie l'eût lié et enlevé dans la nue sans l'intrépidité de la mère, qui, voyant le danger que courait sa progéniture, se jeta sur l'ennemi commun, le força de songer à sa propre défense et à abandonner sa victime ; il s'engagea alors un combat sanglant entre les deux parties. Le faucon, à raison de la force de ses ailes, de ses griffes aiguës et de son bec acéré, eut pendant quelque temps l'avantage ; il écorcha cruellement la chatte, et lui arracha un œil ; mais la pauvre mère, loin

de se laisser abattre par cet événement, employa,
pour défendre ses petits, toute la ruse, toute l'agilité dont elle était capable, et parvint, avec beaucoup d'efforts, à casser une aile de son adversaire;
ainsi estropié, le faucon fut à son tour sous la fé-
rule de la chatte; cependant il continua de se défendre, et la querelle s'engagea de nouveau avec
plus d'acharnement que jamais. A la fin la victoire sembla se décider pour la mère de famille,
qui sachant profiter de l'avantage, étendit le
faucon sous ses pieds. Elle arracha alors d'un air de
triomphe, la tête du vaincu; puis, sans faire attention à la perte de son œil, elle courut auprès de son
nourrisson, lécha les plaies qu'avait faites sur ses
membres délicats le faucon *aux serres cruelles*, en
faisant entendre un murmure de satisfaction, tandis
qu'elle le caressait avec tous les signes d'une tendresse marternelle qui semblait s'accroître encore
par le danger qu'il avait couru.

Un ami de M. Darwin vit un jour un chat prendre une truite en s'élançant dans un courant d'eau
très-claire, au milieu de Weaford, près de Lichtfield; l'animal appartenait à M. Stanley, qui
l'avait vu souvent prendre du poisson de la même
manière pendant l'été, saison où les eaux du mou-
lin étaient si basses que l'on pouvait facilement
le découvrir. Nous en avons vu un dont les maîtres

ont une charmante habitation sur les bords du canal de l'Ourcq, et qui leur apporte assez sou-- vent des poissons qu'il va pêcher lui-même.

———

LE CHAT ANGORA.

Le chat angora est beaucoup plus gros que le chat domestique ; un poil remarquable par sa lon- gueur couvre son corps ; sa couleur générale est le brun obscur ou le blanc. Voilà la manière dont M. Sonnini parle de l'un de ces animaux.

« La superbe chatte d'angora, qui a vécu long-
» temps près de moi et dont je me plais à parler,
» parce qu'elle était vraiment intéressante, et que
» je ne cesse de la regretter, était d'une douceur
» extrême. Sensible aux caresses, elle les rendait
» avec amabilité : dans ma solitude, elle se tenait
» à mes côtés ; lorsque je m'absentais, elle me
» cherchait, m'appelait avec inquiétude, et elle
» semblait me retrouver chaque fois avec satis-
» faction. C'était aussi la plus belle chatte que
» j'aie vue : des poils longs et soyeux la couvraient
» en entier ; sa queue était très-fournie ; aucune
» tache ne ternissait le blanc éblouissant de son
» pelage, son nez et le tour de ses lèvres étaient
» d'une couleur de rose tendre ; sa tête arrondie

» brillait de deux grands yeux, dont l'un était
» bleu et l'autre d'un jaune léger. Sa physionomie
» était celle de la douceur et de l'affection, c'était
» en un mot le naturel du chien le plus aimable
» sous la brillante fourrure d'un chat. »

La maréchale de Luxembourg avait un superbe angora qui l'accompagnait dans toutes ses promenades; et lorsqu'au jardin des Tuileries, elle s'asseyait sur un banc, rien n'était curieux comme de voir son chat accueillir à coups de griffes les chiens par trop familiers qui s'approchaient pour faire connaissance avec un tel camarade, qu'ils étaient tout étonnés de rencontrer-là ou dans les belles avenues des Champs-Élysées.

LE CHAT TIGRE.

Cet animal est beaucoup plus gros que le chat domestique et a, en général, la forme très élégante. Sa couleur est d'un brun luisant; il est marqué sur le dos de raies noires oblongues, et sur les autres parties du corps de taches de la même couleur. Une peau de ce quadrupède, mesurée par M. Pennant, avait trois pieds de long du nez à la queue.

Les chats tigres, dans leurs montagnes natales

du cap de Bonne-Espérance, sont de grands des-
tructeurs de lapins, de jeunes antilopes, et même
de toute espèce d'oiseaux; cependant ils ne sont
pas d'un naturel aussi féroce que les autres quadrupèdes de la race à laquelle ils tiennent : lorsqu'ils sont pris, on parvient facilement à les
priver, quoique Labat ait assuré que leur extérieur annonce un caractère cruel, et que leurs
yeux ont une grande expression de férocité.

Lorsque le docteur Forster et son fils tou-
chèrent au Cap, en 1795, on leur proposa d'acheter un de ces animaux; mais comme il avait une
patte cassée, ils ne voulurent pas le prendre, dans
la crainte qu'il ne pût pas soutenir la traversée
en Europe; on l'apporta néanmoins dans un panier, dans l'appartement de M. Forster, où il le
garda pendant vingt-quatre heures, et eut occasion par conséquent de l'observer dans ses mœurs
et dans ses habitudes; elles paraissent absolument semblables à celles de nos chats domestiques; il mangeait de la viande crue, et montrait
beaucoup d'attachement pour les personnes qui
le nourrissaient et qui lui faisaient du bien; il
était d'un naturel doux et parfaitement privé.
Lorsque le docteur Forster lui eut donné plusieurs fois à manger, il le suivit comme un chat
domestique, frotta sa tête et ses côtés contre ses

vêtemens, et parut désirer qu'il fit attention à lui :
il *filait* aussi de la même manière que nos chats
quand ils sont satisfaits : à cette époque il avait
près de neuf mois, et il avait été pris tout petit
dans les bois.

CHAPITRE V.

LE RAT.

On fait avec beaucoup de justesse cette observation que, quoique le rat soit d'une apparence faible et méprisable, il possède des facultés qui le rendent un ennemi plus formidable pour l'espèce humaine que les animaux qui sont doués de la plus grande force et du naturel le plus rapace.

Il existe deux espèces de rats dans la Grande Bretagne, le rat noir, qui était autrefois très-répandu ; et le rat brun ou le rat de Norvège, qui a considérablement diminué le nombre de l'autre espèce, mais qui s'est lui-même tellement multiplié, et est si fort et si vorace, qu'il devient très-incommode.

La longueur de cet animal est d'environ neuf pouces ; la couleur de sa tête et de la partie supérieure de son corps, est d'un brun léger mêlé de fauve ; la gorge et le ventre sont d'un blanc sale qui tire sur le gris , et les jambes d'une couleur de chair terne ; il a de grands yeux noirs , la queue couverte de petites écailles brunes mêlées de quel-

ques poils courts ; l'extérieur de ce quadrupède
est dégoûtant.

Ces rats ont presque entièrement extirpé de
l'Irlande, l'espèce entière des grenouilles, que les
habitans étaient jaloux de conserver pour purger
d'insectes les campagnes, et rendre les eaux plus
salubres; tant que les grenouilles existèrent en
grand nombre dans cette île, les rats s'y multi-
plièrent aussi; mais depuis que ceux-ci sont privés de cette partie considérable de leur subsistance, ils deviennent beaucoup moins nombreux.

Pendant la saison de l'été, ils font leurs demeures dans des trous sur les bords des rivières,
des étangs et des fossés : mais à l'approche de
l'hiver, ils parcourent les fermes, s'introduisent
dans les granges et dans les meules de blé, où ils
dévorent une grande quantité de grains, et en
endommagent plus qu'ils n'en consomment ; ils
établissent des repaires dans les murs et dans les
planchers et plafonds des vieilles maisons, dont
ils détruisent souvent les meubles; on a vu même
de ces animaux ronger les extrémités des enfans
pendant qu'ils dormaient; ils font aussi une grande
destruction d'œufs, de volailles, de pigeons, de
lapins et de gibier de toute espèce; ils nagent
avec beaucoup de facilité, plongent dans l'eau
avec une extrême rapidité, et pêchent quelquefois des poissons.

Goldsmith prétend que les femelles de ces quadrupèdes donnent de dix à quinze petits à la fois, et qu'elles ont trois ventrées par an. Telle est leur prodigieuse fécondité, que les rats infesteraient un pays entier, et rendraient inutiles tous les moyens de les détruire, s'ils n'avaient pas des ennemis qui diminuent leur nombre; mais heureusement des obstacles viennent s'opposer à cette dangereuse propagation. Non-seulement ils trouvent de formidables adversaires dans les autres animaux, mais ils se détruisent les uns les autres. Le même appétit insatiable qui les porte à ne rien épargner, excite aussi les plus forts d'entre eux à dévorer les plus faibles, et un gros mâle est aussi à redouter de sa propre espèce que le plus dangereux ennemi. La belette est perpétuellement en guerre avec les rats; elle les poursuit jusque dans leurs trous, et là elle leur livre combat : ce petit quadrupède cherche à se cramponner sur leur corps, et à leur sucer le sang, ce qu'ordinairement il vient à bout de faire. Cependant le rat est assez hardi pour attaquer un petit chien, le saisir à la gueule, et lui faire une plaie qu'il est très-difficile de guérir.

Autrefois ces animaux étaient si nombreux à l'Ile de France, qu'il y en eut trente mille de tués en un an : on prétend qu'ils firent quitter cette contrée aux Hollandais. Les rats ont sous terre des amas de blé et de fruits, et grimpent souvent au haut des arbres pour dévorer les jeunes oiseaux ; on les voit courir de tous les côtés, sur le soir, et ils commettent tant de dégats, qu'il y a des champs de maïs où ils ne laissent pas un seul épi. Ces animaux s'étaient tellement multipliés dans le vaisseau de ligne *le Vaillant*, à son retour de la Havane en 1766, qu'ils dévoraient un quintal de biscuit par jour. On prit le parti d'enfumer le navire entre ses deux ponts pour les suffoquer, et pendant quelque temps on remplit, tous les jours, six mannequins de rats qui avaient ainsi été étouffés.

Voici une anecdote authentique qui ne paraîtrait qu'une plaisanterie, si elle n'était attestée par un grave historien, M. le président de Thou. En 1522, les rats pullulèrent tellement dans l'évêché d'Autun, qu'ils dévastaient les moissons et firent craindre la perte totale des récoltes de cette contrée. Les remèdes humains ayant paru insuffisans, on imagina le singulier moyen de rendre une plainte contre eux en justice. L'official ordonna qu'ils fussent cités à comparaître devant lui. Le délai expiré sans qu'ils se fussent présentés, le promoteur obtint un premier jugement par défaut, et requit qu'on procédât au jugement définitif.

L'official, pensant que les accusés devaient du moins être défendus, leur nomma d'office un avocat appelé Chassanée. Celui-ci, vu le discrédit de ses singuliers cliens, se jeta dans des exceptions dilatoires, comme pour donner le temps à la prévention de se dissiper. Il exposa d'abord que les rats se trouvant dispersés dans un grand nombre de villages, une simple assignation n'avait pas été suffisante pour les avertir tous ; il demanda et obtint qu'une assignation leur fut notifiée par une publication au prône de chaque paroisse.

A l'expiration de ce délai, Chassanée fit encore excuser la nouvelle absence de ses cliens en démontrant la longueur et la difficulté du voyage, les dangers auxquels la route les exposait de la part des chats, leurs mortels ennemis, qui les guettaient à tous les passages, etc., etc.

Lorsque les exceptions dilatoires furent épuisées, l'avocat plaidant le fond de la question, motiva sa défense sur des considérations majeures pour éviter un arrêt d'extermination contre toute la gent ratière, insistant pour qu'on recherchât seulement les coupables : « Y a t-il rien de plus injuste, » s'écriait-il avec éloquence, que ces proscriptions » générales, qui frappent en masse les familles, » qui font porter à l'enfant la peine du crime de » ses proches, qui atteignent sans distinction ceux

» que le bas-âge ou la conduite rendent également
» incapables de délits, etc., etc.

Le plaidoyer de Chassanée, dans cette singulière
cause, fit grand bruit, et commença la réputation
à l'aide de laquelle cet avocat parvint, par la suite,
au poste éminent de premier président au parlement de Provence.

Un voyageur qui traversait le Mecklembourg,
il y a environ trente ans, fut témoin d'une singulière circonstance, à la poste aux chevaux de
Stargard. Après dîner, le maître de la maison
posa à terre un grand plat de soupe, et donna en
même temps un fort coup de sifflet; aussitôt après
on vit entrer dans la chambre, un dogue, un beau
chat angora, un vieux corbeau et un rat monstrueux, portant un grelot autour de son cou. Ils
vinrent tous au plat et mangèrent ensemble, après
quoi le chien, le chat et le rat se couchèrent
devant le feu, tandis que le corbeau se mit à se
promener en sautillant dans la chambre. Le maître
de la poste, après avoir expliqué la manière dont
ces animaux avaient été ainsi apprivoisés, informa
les voyageurs que le rat était le plus utile des
quatre, parce que le bruit qu'il faisait avec son
grelot avait délivré la maison des souris et des rats
dont elle était autrefois infestée.

En Égypte, dès que le Nil a fertilisé la terre, et

T 2.   9

qu'il permet aux cultivateurs de reprendre leurs travaux, on voit des multitudes de rats et de souris sortir de la vase ; c'est ce qui a fait croire aux gens du pays que ces animaux étaient formés de limon ; il en est même qui ont eu l'effronterie d'assurer qu'ils avaient vu de ces quadrupèdes dans le moment même de leur formation, et que la moitié de leur corps était de la chair et l'autre de la terre humide. Au Japon on apprivoise des rats, et on leur apprend à faire toutes sortes de tours d'adresse qui servent à amuser le peuple.

LE RAT MUSQUÉ.

Le rat musqué est à peu près de la grosseur d'un petit lapin ; sa tête, courte et épaisse, ressemble à celle du rat d'eau. Il a de grands yeux, les oreilles courtes, arrondies, et couvertes de poil en dedans comme en dehors ; la fourrure moëlleuse, luisante, est d'un brun rougeâtre ; ce pelage est un feutre ou duvet beaucoup plus fin, qui est d'une grande utilité à la fabrication des chapeaux ; sa queue est latéralement applatie et couverté d'écailles. Ces animaux ressemblent beaucoup pour la forme générale de leur corps, et par un grand nombre de leurs habitudes, aux castors. Ils construisent leurs habitations avec des plantes sèches, et particulièrement avec des roseaux, les cimentent de glaise, et les couvrent d'une espèce de dôme. Au fond de ces demeures sont différens boyaux, par lesquels ils passent pour aller chercher leur nourriture, car ils n'amassent pas de provisions pour l'hiver. Ils ont aussi des asiles souterrains dans lesquels ils se retirent toutes les fois que leur demeure est attaquée.

Ces habitations, qui sont destinées à ne servir que l'hiver, sont reconstruites tous les ans ; les rats musqués commencent à les bâtir à l'approche de cette saison, pour se mettre à l'abri des frimas. Plusieurs familles occupent la même demeure, qui, quelquefois, est recouverte d'une épaisseur de huit à dix pieds de neige ou de glace ; de sorte que, nécessairement, ces animaux doivent mener une vie fort triste et fort maussade jusqu'au retour du printemps.

Dans l'été, ils errent çà et là par couples, se nourrissant, avec beaucoup de voracité, d'herbes et de racines ; ils deviennent pendant cette saison extrêmement gras, et acquièrent une forte odeur de musc, dont ils ont reçu le nom de *rats musqués* ; ils marchent et courent d'une manière gauche comme les castors, et nagent assez maladroitement, à raison de ce que leurs pieds ne sont pas pourvus de membranes. Les rats musqués creusent, comme les rats d'eau, leurs terriers dans les jetées adjacentes à des lacs, des rivières ou des fossés, et causent quelquefois de grands dommages en faisant passer l'eau à travers ces levées dans les prairies.

LE RAT ÉCONOME.

La longueur de cet animal est d'environ cinq pouces, y compris celle de sa queue; il a les membres forts, les oreilles courtes, nues et presque cachées dans le pelage de sa tête; sa couleur ordinaire est brunâtre, et un peu plus pâle sur le ventre que sur le dos. Les rats économes se trouvent dans différentes contrées de la Sibérie et du Kamtschatka, où ils font des terriers, avec la plus grande adresse, au-dessous de la surface du sol, dans un terrain mou et couvert de gazon; ils creusent une cave d'une forme un peu arquée, et d'environ un pied de diamètre, à laquelle ils ajoutent quelquefois vingt ou trente petits passages ou entrées. Près de ces caves, sont souvent construites d'autres tanières, dans lesquelles ils déposent ordinairement le magasin des plantes qu'ils cueillent en été et qu'ils apportent dans ces espèces de serres. Quelquefois même ils les sortent de leurs cellules pour les faire sécher entièrement au soleil : ils s'associent par paires ; le mâle et la femelle couchent dans le même nid dans toutes les saisons, à l'exception de l'été, pendant lequel le mâle mène une vie solitaire dans les bois.

Le docteur Grièvc et M. Pennant ont parlé des migrations de ces animaux ; mais ils n'ont pas cherché à en expliquer la cause. « Au printemps, dit le premier de ces écrivains, ils s'assemblent par bandes considérables, et vont en ligne directe au couchant, traversant à la nage, avec la plus grande intrépidité, les rivières, les lacs, et même des bras de mer. Un grand nombre d'entre eux se noient, et beaucoup d'autres sont détruits par des oiseaux aquatiques ou par des poissons voraces.

« Lorsque les Kamtschadales, qui ont une espèce de vénération superstitieuse pour ces petits animaux, en trouvent sur les bords des rivières, qui sont faibles et épuisés de fatigue, ils leur prodiguent tous les soins imaginables. Aussitôt que les rats ont traversé la rivière Penschinska, à l'origine du golfe du même nom, ils tournent au sud-ouest, et gagnent, vers le milieu de juillet, les rivières Ochotska et Judoma, à une distance d'environ neuf cents milles ; ces troupeaux de rats sont quelquefois si nombreux, que des voyageurs ont été obligés d'attendre deux heures entières pour les laisser passer : le départ de ces animaux est considéré par les Kamtschadales comme un très-grand malheur, et leur retour occasionne la plus grande joie et la plus grande allégresse ; une chasse heureuse et une pêche abondante étant toujours regardées comme une conséquence certaine de leur arrivée. »

Kerr nous informe que les Kamtschadales ne détruisent jamais les magasins et amas de ces petits quadrupèdes. Quelquefois, à la vérité, ils en dérobent une partie ; mais ils leur laissent en échange du caviare ou quelque autre nourriture. La manière dont les rats économes traversent, dans leurs excursions, les rivières d'Islande, est ainsi décrite par M. Olaffen. Ces maraudeurs, réunis en bandes de six à dix, choisissent une bouse sèche de vache, sur laquelle ils placent un tas ou un monceau de baies d'arbres qu'ils ont cueillies, puis avec leurs forces réunies ils le traînnent vers le bord du fleuve, le lancent à l'eau et s'embarquent. Ils se placent ensuite autour de cette bouse, réunissent leurs têtes au-dessus des baies, tandis qu'ils tournent le dos à la rivière, et que leur queue, qui pend dans l'eau, fait l'office de gouvernail.

LE HAMSTER.

Ce quadrupède est à peu près de la taille d'un gros rat d'eau, mais un peu plus fort ; il a la tête et le dos d'un brun rougeâtre ; sa gorge est blan-- che ; et chaque côté de son corps est marqué de trois grandes taches ovales blanches ; il a deux bajoues dans lesquelles il introduit sa nourriture. Ces deux poches, quand elles sont vides, sont tellement contractées qu'elles ne paraissent pas extérieurement ; mais lorsqu'elles sont remplies, elles ressemblent à des vessies gonflées, dont la surface lisse et veineuse est cachée par le poil des joues.

Le hamster a les oreilles fort grandes, la queue fort courte et presque nue ; son poil, d'après M. Ray, est si fermement uni à la peau, qu'on ne peut l'en arracher qu'avec la plus grande difficulté. Ce quadrupède vit sous terre.

« Le terrier qu'il se creuse, dit un auteur ano- » nyme, à trois ou quatre pieds sous terre, con- » siste, pour l'ordinaire, en plus ou moins de » chambres, selon l'âge de l'animal qui l'habite ; » la principale est tapissée de paille et sert de lo- » gement ; les autres sont destinées à y conserver » les provisions qu'il ramasse en grande quantité » dans le temps des moissons. Chaque terrier a » deux trous ou ouvertures, dont celle par la-

» quelle l'animal est arrivé sous terre descend
» obliquement. L'autre, qui a été pratiquée du
» dedans au dehors, est perpendiculaire, et sert
» pour entrer et sortir. »

Ce quadrupède se nourrit de toutes sortes d'herbes, de racines et de grains, que les différentes saisons lui fournissent : il s'accommode même très-volontiers de la chair des autres animaux dont il devient le maître. Il marche très-lentement, mais il met beaucoup de promptitude à creuser son terrier. Comme il n'est pas fait pour de longues courses, il compose le premier fonds de son magasin de ce que lui présentent les champs voisins de cet établissement, ce qui fait que l'on voit souvent plusieurs de ses chambres remplies d'une seule sorte de graines : après les moissons, il se trouve forcé d'aller plus loin chercher ses provisions, et rapporte à son magasin tout ce qu'il trouve sur son chemin de bon à manger.

« Pour lui faciliter le transport de sa nourriture,
» dit un auteur anonyme, la nature l'a pourvu de
» bajoues de chaque côté de l'intérieur de la bou-
» che. Ce sont deux poches membraneuses, lisses
» et luisantes en dehors, et parsemées d'un grand
» nombre de glandes en dedans, qui distillent sans
» cesse une certaine humidité, pour les tenir sou-
» ples et les rendre capables de résister aux acci-

» dens que des grains souvent raides et pointus
» pourraient causer. »

Le docteur Roussel nous informe qu'en disséquant un de ces animaux, il a trouvé chaque poche de l'intérieur de la bouche garnie de haricots
rangés sur leur longueur avec tant de précision et
d'une manière si serrée, que le mécanisme auquel
il avait eu recours paraissait extraordinaire. La
membrane, en effet, qui ferme sa bouche, quoique musculaire, et très-mince, et les doigts les
plus experts n'auraient pas pu encaisser ces haricots dans un ordre plus régulier. Lorsqu'ils furent
répandus sur le tapis, ils formèrent un monceau
trois fois plus volumineux que le corps de l'animal.

« A l'approche de l'hiver, continue l'anonyme,
» les hamsters se retirent dans leurs souterrains,
» dont ils bouchent l'entrée avec soin. Ils restent
» tranquilles et vivent de leurs provisions, jus-
» qu'à ce que le froid étant devenu plus sensible,
» ils tombent dans un engourdissement sembla-
» ble au sommeil le plus profond. Quand, après
» ce temps-là, on ouvre un terrier, qu'on recon-
» naît par un monceau de terre qui se trouve au-
» près du conduit oblique dont nous avons parlé,
» on y voit le hamster mollement couché sur un
» lit de paille menue et très-douce. Il a la tête re-
» tirée sous le ventre; entre les deux jambes de de-

» vant : celles de derrière sont appuyées contre le
» museau. Les yeux sont fermés, et quand on veut
» écarter les paupières, elles se referment dans
» l'instant. Les membres sont roides comme ceux
» d'un animal mort, et tout le corps est froid au
» toucher comme la glace. On ne remarqua pas la
» moindre respiration ni autre signe de vie ; ce n'est
» qu'en le disséquant dans cet état d'engourdisse-
» ment, qu'on voit le cœur se contracter, se dila-
» ter ; mais le mouvement est si lent, qu'on peut
» à peine compter quinze pulsations dans une mi-
» nute, au lieu qu'il y en a au moins cent cin-
» quante dans le même espace de temps, lorsque
» l'animal est éveillé ; la graisse est comme figée :
» les intestins n'ont pas plus de chaleur que l'ex-
» térieur du corps, et sont insensibles à l'action
» de l'esprit de vin, et même à l'huile de vitriol
» qu'on y verse, et ne marquent pas la moindre
» irritabilité. Quelque douloureuse que soit toute
» cette opération, l'animal ne paraît pas la sentir
» beaucoup, il ouvre quelquefois la bouche,
» comme pour respirer ; mais son engourdisse-
» ment est trop fort pour s'éveiller entièrement.
    « C'est un spectacle curieux de voir passer un
» hamster de l'engourdissement au réveil. D'abord
» il perd la roideur des membres ; ensuite il res-
» pire profondément, mais par de longs intervalles :

» on remarque du mouvement dans les jambes ; il
» ouvre la bouche, comme pour bâiller, et fait en-
» tendre des sons désagréables et semblables au
» râlement. Quand ce jeu a duré pendant quelque
» temps, il ouvre enfin les yeux, et tâche de se
» mettre sur ses pieds ; mais tous ses mouvemens
» sont encore peu assurés, et chancelans comme
» ceux d'un homme ivre. Il réitère cependant ses
» essais, jusqu'à ce qu'il parvienne à se tenir sur
» ses jambes ; dans cette attitude, il reste tran-
» quille, comme pour se reconnaître et se reposer
» de ses fatigues ; mais peu à peu il commence
» à marcher et à agir, comme il faisait avant le
» temps de son sommeil. Ce passage de l'engour-
» dissement au reveil demande plus ou moins de
» temps, selon la température de l'endroit où se
» trouve l'animal. Si on l'expose à un air sensible-
» ment froid, il faut quelquefois plus de deux
» heures pour le faire réveiller ; et dans un lieu
» plus tempéré, cela se fait en moins d'une heure.

« Il paraît n'avoir d'autres passions que celle
» de la colère, qui le porte à attaquer tout ce qui
» se trouve sur son chemin, sans faire attention à
» la supériorité des forces de l'ennemi ; ignorant
» absolument l'art de sauver sa vie en se retirant
» du combat, il se laisse plutôt assommer de coups
» de baton que de céder. S'il trouve le moyen de

» saisir la main d'un homme, il faut le tuer pour
» se débarrasser de lui : la grandeur du cheval
» l'effraye aussi peu que l'adresse du chien ; ce
» dernier aime à lui donner la chasse : quand le
» hamster l'aperçoit de loin, il commence par
» vider ses poches, si par hasard il les a remplies
» de grains ; ensuite il les enfle si prodigieusement,
» que la tête et le cou surpassent beaucoup en
» grosseur le reste du corps ; enfin il se redresse
» sur ses jambes de derrière, et s'élance dans cette
» attitude sur l'ennemi ; s'il l'attrape, il ne le
» quittera qu'après l'avoir tué, ou perdu la vie ;
» mais le chien le prévient pour l'ordinaire, en
» cherchant à le prendre par derrière et à l'étran-
» gler : cette fureur de se battre fait que le ham-
» ster n'est en paix avec aucun des autres animaux.
» Il fait même la guerre à ceux de sa race, sans
» excepter la femelle. Quand deux hamsters se
» rencontrent, ils ne manquent jamais de s'atta-
» quer réciproquement, jusqu'à ce que le plus
» faible succombe sous les coups du plus fort,
» qui le dévore. Le combat entre un mâle et une
» femelle dure pour l'ordinaire plus long-temps
» que celui de mâle à mâle : ils commencent par
» se donner la chasse et se mordre ; ensuite cha-
» cun se retire d'un autre côté comme pour re-
» prendre haleine ; peu après ils renouvellent le

» combat et continuent à se fuir et à se battre jus-
» qu'à ce que l'un ou l'autre succombe : le vain-
» cu sert toujours de repas au vainqueur. »

Les femelles mettent bas deux à trois fois par
an ; chaque portée est de six ou huit petits, et
leur fécondité dans certains temps est si grande,
qu'elle cause une affreuse stérilité dans le pays
occupé par ces animaux ; mais leurs perpétuelles
hostilités contrarient fort heureusement les effets
de cette rapide propagation. Les petits sont, trois
semaines après leur naissance, chassés de leurs
trous par leurs père et mère qui les obligent d'aller chercher leur nourriture, et au bout de quinze
à seize jours ils commencent à former leur terrier.

Les hamsters se trouvent dans différentes parties de l'Allemagne, de la Pologne et de la Sibérie.

LA MARMOTTE.

La marmotte a environ seize pouces de long,
une queue très-courte et très-fournie, et beaucoup
de ressemblance avec le rat et le lièvre.

La couleur générale de son corps est d'un roux
brun sur le dos, et d'un fauve pâle sur les autres
parties ; sa tête est toute plate, ses oreilles sont
courtes et cachées dans sa fourrure : elle a la

voix et le murmure d'un petit chien lorsqu'elle joue ou qu'on la caresse ; mais lorsqu'on l'irrite ou qu'on l'effraie, elle fait entendre un sifflet si perçant, si aigu, qu'il blesse le tympan.

« Cet animal, dit M. de Buffon, qui se plaît
» dans la region de la neige et des glaces, qu'on
» ne trouve que sur les plus hautes montagnes,
» est cependant sujet plus qu'un autre à s'engour-
» dir par le froid. C'est ordinairement à la fin
» de septembre ou au commencement d'octobre
» qu'il se recèle dans sa retraite, pour n'en sor-
» tir qu'au commencement d'avril : cette retraite
» est faite avec précaution, et meublée avec art ;
» elle est d'abord d'une grande capacité, moins
» large que longue, et très- profonde, au moyen
» de quoi elle peut contenir une ou plusieurs mar-
» mottes, sans que l'air s'y corrompe : leurs pieds
» et leurs ongles paraissent être faits pour fouiller
» la terre, et elles la creusent en effet avec une
» merveilleuse célérité ; elles jettent au dehors,
» derrière elles, les déblais de leur excavation ;
» ce n'est pas un trou, un boyau droit ou tor-
» tueux, c'est une espèce de galerie faite en forme
» d'y grec, dont les deux branches ont chacune
» une ouverture et aboutissent toutes deux à un
» cul-de-sac, qui est le lieu du séjour : comme
» le tout est pratiqué sur le penchant de la mon-

» tagne, il n'y a que le cul-de-sac qui soit de ni-
» veau ; la branche inférieure de l'y grec est en
» pente au-dessous du cul-de-sac, et c'est dans
» cette partie la plus basse du domicile qu'elles
» font leurs excrémens, dont l'humidité s'écoule
» aisément au dehors ; la branche supérieure de
» l'y grec est aussi un peu en pente, et plus éle-
» vée que tout le reste ; c'est par là qu'elles en-
» trent et qu'elles sortent. Le lieu du séjour est
» non-seulement jonché, mais tapissé fort épais
» de mousse et de foin ; elles en font ample provi-
» sion pendant l'été : on assure même que cela se
» fait à frais ou travaux communs ; que les unes
» coupent les herbes fines, que d'autres les ramas-
» sent, et que tour-à-tour elles servent de voiture
» pour les transporter au gîte ; l'une, dit-on, se
» couche sur le dos, se laisse charger de foin,
» étend ses pattes en haut pour servir de ridelle,
» et ensuite se laisse traîner par les autres, qui la
» tirent par la queue, et prennent garde en même
» temps que la voiture ne verse. C'est, à ce qu'on
» prétend, par ce frottement trop souvent réitéré,
» qu'elles ont presque toutes le poil rongé sur le
» dos. On pourrait cependant en donner une autre
» raison ; c'est que, habitant sous la terre, et s'oc-
» cupant sans cesse à la creuser, cela suffit pour
» leur peler le dos. Quoi qu'il en soit, il est sûr

» qu'elles demeurent ensemble, et qu'elles travail-
» lent en commun à leurs habitations ; elles y pas-
» sent les trois quarts de leur vie ; elles s'y retirent
» pendant l'orage, pendant la pluie, ou dès qu'il
» y a quelque danger ; elles n'en sortent même que
» dans les plus beaux jours, et ne s'en éloignent
» guère : l'une fait le guet, assise sur une roche
» élevée, tandis que les autres s'amusent à jouer
» sur le gazon, ou s'occupent à le couper pour en
» faire du foin ; et lorsque celle qui fait sentinelle
» aperçoit un homme, un aigle, un chien, etc.,
» elle en avertit les autres par un coup de sifflet,
» et ne rentre elle-même que la dernière. »

On voit à la ménagerie du jardin du Roi, à Paris, une marmotte du Canada.

LE LÉMING.

Les lémings se trouvent principalement sur les montagnes de la Norwége et de la Laponie. La taille et la couleur de ces animaux présentent beaucoup de variations ; ceux de la Norwége sont presque égaux en grosseur au rat d'eau, tandis que ceux de la Laponie égalent à peine la souris ; les premiers sont élégamment marqués de taches noires et brunâtres ; ils ont les côtés de la tête et le cou blancs; leurs jambes et leur queue sont d'une couleur grisâtre, et les parties inférieures de leur corps d'un blanc terne; leur tête est grosse, courte et épaisse : ils ont les oreilles courtes, les yeux petits, le corps ramassé, le cou court, et les membres robustes. Leur queue a fort peu de longueur; quand on les contrarie ou qu'on les irrite, ils se lèvent sur leurs pieds de derrière, et aboient ou japent comme de petits chiens.

Ces quadrupèdes vivent entièrement de végétaux; dans l'été, ils creusent des terriers à très-peu de distance de la superficie de la terre, et dans l'hiver ils pratiquent de longs passages sous la neige pour se procurer leur nourriture. Comme en effet ils ne font pas de provisions d'hiver, ils sont réduits à la nécessité d'aller chercher, dans cette saison, de quoi se substanter.

Ils paraissent douée de la faculté de distinguer l'approche d'un temps rigoureux; car avant de former leur établissement d'hiver, ils quittent la Norwège et la Laponie, et émigrent en nombre prodigieux pour se rendre vers le midi de la Suède, dans la ligne la plus droite possible. Ces migrations ont lieu à des époques incertaines, quoiqu'en général elles arrivent tous les dix ans; et comme dans leurs voyages ils sont sujets à beau-

coup d'attaques de la part des autres animaux, ils
en deviennent infailliblement la proie ; il en périt
aussi une multitude en traversant à la nage les rivières et les lacs. Un très-petit nombre, à raison de
ces différentes causes, reviennent dans leurs montagnes, et cette destruction met un terme à leurs
ravages : plusieurs années se passent en effet avant
qu'ils puissent réparer leurs pertes et devenir en
état d'entreprendre une autre invasion; ils sont
audacieux et hardis, ils attaquent même les hommes et les animaux, s'il s'en rencontre sur leur
passage. Ils mordent avec tant de véhémence,
qu'on peut les porter à une distance considérable,
suspendus par les mâchoires, avant qu'ils aient
quitté prise. On a observé qu'aucune opposition
quelconque n'arrêtait la marche de ces animaux
dans leurs migrations; si on les trouble ou si on
les poursuit pendant qu'ils traversent un lac à la
nage, ils ne reculent nullement, et quoique l'on
sépare leur phalange avec des rames ou des perches, ils continuent toujours de nager en ligne
directe et se rétablissent bientôt dans un ordre
régulier. On les a vus quelquefois monter à l'a-
bordage d'un vaisseau et le traverser. Leur marche
a lieu ordinairement de nuit ou de grand matin,
et ils font une telle dévastation dans les prairies,
que la surface du terrain dans lequel ils ont passé

paraît comme si elle avait été brûlée; on croit
aussi qu'ils infectent les plantes qu'ils ont rongées;
car l'herbe des pâturages où ils se sont repus fait
mourir les bestiaux; leur grand nombre a quelquefois induit les habitans à croire qu'ils étaient
descendus des nues, et les quantités immenses
qu'on en trouve de morts le long des rivières rendent l'air tellement corrompu, qu'il occasionne beaucoup de maladies.

Un ennemi aussi dangereux et aussi destructeur
occasionnerait bientôt la ruine du pays qu'il parcourt, si la même voracité qui porte les lémings à
ravager les productions de la terre, ne les déter-
minait enfin à se diviser en deux partis, et à se
livrer bataille comme deux armées d'ennemis.

Les superstitieux habitans de la Suède et de la
Laponie prétendent non-seulement pouvoir annoncer les guerres dans lesquelles ils seront enga-
gés, mais encore le sort de leurs armées, suivant
les endroits d'où viennent ces animaux et le côté
qui a été victorieux.

LE MULOT.

Ce petit quadrupède est très-connu dans les parties tempérées de l'Europe, où il se trouve dans

les terrains secs et élevés et dans les bois; il a environ quatre pouces et demi de longueur, sans compter la queue, qui elle-même a près de quatre pouces de long; sa couleur est d'un brun jaunâtre sur le corps et blanche sur les parties inférieures; ses yeux sont noirs, vifs et proéminens.

Les mulots creusent des terriers à douze ou quatorze pouces de la surface de la terre, et y font des amas considérables de glands, de noix et de faines.

« On en trouve quelquefois jusqu'à un boisseau
» dans un seul trou, dit M. de Buffon, et cette pro-
» vision est loin d'être proportionnée à leurs be-
» soins, et à la capacité des lieux; ces trous sont
» ordinairement de plus d'un pied sous terre, et
» souvent partagés en deux loges, l'une où le mu-
» lot habite avec ses petits, et l'autre où il fait son
» magasin. »

On peut facilement découvrir leurs nids, aux petits amas de terreau élevés à l'ouverture ou entrée de leurs galeries qui conduisent par des sentiers au magasin.

Le vénérable G. White rapporte un singulier exemple de la sagacité de l'un de ces animaux. Un jour, des domestiques ôtaient la bordure d'une couche pour y mettre du terreau frais: ils virent sauter d'un des côtés de cette couche, avec beaucoup d'agilité, quelque chose qui avait une forme grotesque, et qu'ils eurent beaucoup de peine à prendre; c'était un gros mulot femelle avec trois ou quatre petits qui se tenaient à ses tétines par leur bouche et leurs pieds. Il est inconcevable que les bonds irréguliers et les mouvemens rapides de la mère, n'aient pu faire quitter prise à ces nourrissons, qui étaient si jeunes qu'on ne leur apercevait pas encore de poil, et qu'ils n'avaient pas les yeux ouverts.

Les femelles des mulots sont très-prolifiques; elles mettent bas plus d'une fois par an, donnent quelquefois huit ou dix petits par portée; le nid où elles déposent ces petits est près de la surface de la terre, et souvent dans une touffe d'herbe très-épaisse.

***

LA SOURIS DES MOISSONS.

Ce petit animal est à peu près de la couleur de l'écureuil; il a le ventre blanc et une longue raie droite qui règne le long des côtes et sépare les nuances opposées du dos et du ventre. M. White est parvenu à se procurer un nid de ces petits quadrupèdes; il était comme artificiellement natté avec des feuilles de froment, avait une forme parfaitement ronde, et était de la grosseur d'une balle de paume; l'ouverture en était si ingénieusement fermée, qu'il lui devint impossible de découvrir l'endroit où elle se trouvait : outre cela, le nid était tellement compacte, qu'il roulait sur une table sans se déranger, quoiqu'il contînt huit petites souris sans poils et aveugles. Comme ce nid était parfaitement plein, il parut difficile que la mère pût s'y placer de manière à leur présenter à chacun une tétine, et tout fait présumer par conséquent, qu'elle pratiquait une ouverture à différens endroits de ce nid, et le rajustait lorsqu'elle avait allaité ses nourrissons : il y a lieu de croire aussi que cette boule ne pouvait pas la contenir avec ses petits, qui de jour en jour prenaient plus de volume. Ce merveilleux berceau, chef-d'œuvre vraiment étonnant et dernier effort de l'instinct, s'est trouvé dans un champ de blé, suspendu à la tête d'un chardon. Notre auteur fait la remarque que, quoique les souris des moissons attachent leurs nids au-dessus de la terre, elles font l'hiver, des terriers et des nids d'herbage fort chauds; mais leur établissement le plus ordinaire se fait dans des meules de foin, où elles se transportent au temps de la fenaison : il est de ces souris qui n'ont que deux pouces un quart de long, sans compter leur queue, qui est à peu près de la même longueur. Deux de ces petits animaux mis dans une balance ne pesaient qu'un demi penni de cuivre (un sou de France); on a supposé, d'après cela, que ces souris étaient les plus petits quadrupèdes de cette île.

La grande sécheresse de l'été de 1818 engendra une telle quantité de cette espèce de souris aux environs de Landau, que, pour mettre des bornes à leur ravage, on prescrivit à chaque propriétaire de livrer journellement douze souris par chaque florin de contribution foncière qu'il payait. Le village d'Offembach livra dans l'espace de trois jours, quarante-sept mille trois cents souris. Un marchand de mort-aux-rats en a vendu, en deux mois, trois cents livres pésant.

CHAPITRE VI.

LA LOUTRE.

Cet animal, quoiqu'il ne soit pas entièrement amphibie, est capable de rester un temps considérable sous l'eau, et peut poursuivre sa proie avec beaucoup de facilité dans cet élément; il est indigène de presque toutes les parties de l'Europe, et se rencontre dans quelques parties de l'Angleterre; ses jambes courtes sont singulièrement fortes et musculeuses; il a la tête large, ovale et plate; le corps long, et une queue qui diminue de grosseur par degrés et se termine en pointe. Ses jambes sont placées de manière à pouvoir être rangées sur la même ligne que son corps, et à lui servir de nageoire. Ses doigts sont réunis par des membranes. Il a les oreilles courtes, et les yeux placés dans une position telle qu'il peut voir tous les objets qui se trouvent au-dessus de lui. La couleur générale de son pelage est un brun foncé. Les loutres habitent sur les bords des rivières, et quoiqu'elles se jettent sur la volaille et des quadrupèdes plus petits qu'elles, leur nourri-

ut ture principale est le poisson. « La loutre, dit
» M. Pennant, montre beaucoup de sagacité dans
» l'établissement de son habitation ; elle forme un
» terrier sur les bords de quelque lac ou rivière.
» et dispose toujours l'entrée de sa demeure sous
» l'eau. Avant d'élever le sommet de cet édifice,
» elle construit différentes loges , afin qu'en cas
» de grande crue d'eau, elle puisse avoir une re-
» traite ; car il n'est pas d'animal qui aime à être
» logé plus au sec. Elle pratique ensuite une petite
» ouverture à son extrémité supérieure pour laisser
» le passage à l'air.»

On a aussi fait l'obesrvation que cet animal, pour
mieux cacher son asile , a soin de placer ce petit orifice au milieu de quelque épais buisson.

Dans les hivers très-rigoureux , quand les loutres
manquent de nourriture ordinaire, elles tuent les
agneaux , les cochons de lait et la volaille. On a
pris une fois un de ces amphibies dans une garenne , où il était venu pour surprendre des lapins. Dans l'année 1793, comme deux particuliers
étaient à la chasse à Pilton dans le Devonshire ,
leur chien tomba en arrêt devant quelques bruyères , d'où sortit une très-grosse loutre. Le chien se
jeta sur cet animal , mais en ayant été fortement
mordu , il fut obligé de quitter prise. Ces chasseurs
néanmoins parvinrent à se saisir de la loutre : après

l'avoir traînée pendant quelque temps dans un champ de turneps, ils la tuèrent à coups de crosse de fusil sur la tête. Cette loutre se trouvait à la distance de cinq milles de toute rivière ou pièce d'eau quelconque, et il est à présumer qu'elle avait eu l'intention de faire sa proie de quelques animaux de terre, puisqu'elle était si fort éloignée de l'endroit où elle eût pu se procurer la nourriture qui lui est naturelle.

Dans quelques parties du nord de l'Amérique, on trouve, pendant l'hiver, dans les bois et dans les plaines, des loutres à une distance considérable des endroits où il y a de l'eau; mais on n'a jamais bien connu le motif qui les détermine à rechercher de pareilles localités. Quand elles sont poursuivies dans les forêts où la neige amoncelée a beaucoup d'épaisseur, elles s'enfoncent dessous et y pénètrent très-avant; mais il est facile d'apercevoir leurs traces au mouvement de la neige qui est au-dessus d'elles, et de les atteindre. Les Indiens en tuent un très-grand nombre avec leurs massues, en les suivant à la piste; mais quelques-uns de ces animaux, lorsqu'ils sont parvenus à un âge avancé, sont si courageux, qu'ils se jettent sur leurs agresseurs.

Ces amphibies aiment beaucoup à folâtrer, et M. Hearne assure que leur passe-temps favori est

de monter sur la crête d'un monticule de neige,
de plier leurs pieds en arrière, et de glisser le
long de ce monticule à la distance quelquefois de
vingt verges.

Les loutres, quoique d'un caractère naturelle-
ment féroce, s'apprivoisent complétement lorsqu'elles sont prises jeunes : leur instruction exige
beaucoup de persévérance ; mais leur activité et
les avantages que l'on en retire, dédommagent
pleinement des soins qu'on a pris pour leur éduca-
cation. Il est peu d'animaux qui rapportent autant de profit à leur maître. La méthode ordinaire de les dresser est d'abord de leur enseigner
à rapporter de la même manière qu'on s'y prend
pour les chiens ; mais comme elles ne sont pas
aussi dociles, il faut beaucoup plus d'art et d'expérience pour les instruire ; on y parvient en les
accoutumant à prendre dans leur gueule une
trousse de cuir remplie de laine, et de la forme
d'un poisson, à la lâcher au commandement, à
courir après quand on la leur jette, et à la rapporter à leur maître. On emploie ensuite du poisson véritable, que l'on jette mort dans l'eau, et
qu'on leur enseigne à aller y chercher ; on passe
après cela au poisson vivant, jusqu'à ce qu'enfin
elles soient parfaitement habiles dans l'art de pêcher : une loutre ainsi élevée est d'un très-grand

prix ; elle prendra du poisson, non-seulement pour sa subsistance, mais encore pour celle de toute une famille.

« J'ai vu, dit Goldsmith, une loutre aller au
» commandement, dans le vivier d'un riche pro-
» priétaire, y chasser tout le poisson dans un coin,
» s'emparer du plus gros, et le rapporter dans sa
» gueule à son maître. »

Une personne établie à Kilmerston près de Wo-ler, dans le comté de Northumberland, avait une loutre privée, qui la suivait partout où elle allait ; elle la prenait souvent pour pêcher à la rivière, et quand elle s'était repue, elle ne manquait pas de revenir auprès de son maître. Un jour, dans l'absence de celui-ci, cette loutre ayant été emmenée par son fils, au lieu de revenir comme à l'ordinaire, refusa de se rendre à ses ordres, et disparut ; le père eut recours à tous les moyens possibles pour la retrouver, et déjà il désespérait de la revoir ; mais après plusieurs jours de recherches, comme il se trouvait près de l'endroit où elle avait été perdue, il l'appela par son nom, et il la vit, à son grand étonnement, et avec une joie inexprimable, venir se traîner à ses pieds, et lui témoigner toutes sortes de marques d'affection et d'attachement.

Un particulier d'Essex avait une loutre qui le

suivait comme un chien, et tous les jours, lorsque après son dîner il faisait un somme, elle se
plaçait sur son sein : cet animal était dans l'habitude d'aller chercher pour sa nourriture, du poisson dans le vivier du jardin, et dans les réservoirs
placés à proximité de la maison. On la nourrissait
aussi avec du lait ; mais elle fut tuée par un domestique, qui lui donna, sans le faire exprès, un
coup de manche à balai sur le nez, endroit où la plus
petite contusion est mortelle pour cet animal.

Il y a quelques années que James Cambell, demeurant près d'Inverness, avait une jeune loutre
qu'il avait élevée et apprivoisée : elle le suivait
partout comme un chien et s'il l'appelait par
son nom, elle obéissait aussitôt à ses ordres.
Quand l'animal redoutait quelque danger, ou
lorsqu'il avait peur des chiens, il sollicitait aussitôt la protection de son maître, et s'efforçait de
sauter dans ses bras pour s'y mettre en sûreté. On
l'employait souvent à pêcher du poisson : il lui
arrivait quelquefois de prendre huit à dix sau-
mons par jour ; et si l'on n'y mettait pas d'obstacle,
il cherchait à rompre le poisson après la nageoire
qui est vers la queue, et dès qu'on le lâchait, il
faisait aussitôt le plongeon dans l'eau pour en aller encore chercher. Quand il était fatigué, il refusait d'aller de nouveau à l'eau, et on le récom-

pensait alors de tout le produit de la pêche qu'il pouvait manger : dès qu'il avait satisfait son appétit, il se roulait en cercle et s'endormait. C'est dans cet état qu'on le transportait à la maison ; cet animal pêchait aussi bien à la mer que dans l'eau douce, et prenait une grande quantité de morues et d'autres poissons.

M. Berwick rapporte qu'une autre personne qui avait apprivoisé une loutre, s'en faisait suivre au milieu de ses chiens ; elle lui était très-utile pour pêcher, en ce qu'elle ramenait des truites et toute sorte de poisson vers le filet. Il est à remarquer que ces chiens étaient si éloignés de lui faire du mal, qu'ils ne voulurent plus aller à la poursuite d'aucune loutre, pendant tout le temps qu'elle fut avec eux. Son maître fut en conséquence obligé d'en disposer en faveur d'une personne de sa connaissance.

Lorsque les loutres, dans leur état sauvage, ont pris un poisson, elles le traînent aussitôt vers le rivage, en dévorent la tête et le dos, et laissent le reste. Quand elles sont apprivoisées, elles ne mangent que le poisson très-frais, et donnent la préférence au lait, au pain et à beaucoup d'autres substances ; elles chassent ordinairement contre le cours de l'eau ; et si elles se trouvent plusieurs ensemble, elles poussent, à différentes reprises,

un fort sifflement, comme pour se donner un signal les unes aux autres. Quand deux loutres sont
à la poursuite d'un saumon, l'une se tient au-dessous, et l'autre au-dessus de l'endroit où est ce
poisson, et elles continuent de le chasser, jusqu'à
ce que, excédé de fatigue, il se rende sans faire
la moindre résistance. Ce quadrupède, lorsqu'il
chasse seul, a deux manières de prendre sa proie;
la première, en la poursuivant du fond de l'eau
à la superficie, ce qu'il fait principalement avec
le gros poisson, dont les yeux sont placés de
manière qu'il ne peut pas voir au-dessous de lui;
la loutre l'attaque alors par surprise de bas en
haut, et le saisissant par le ventre, elle le traîne
à terre : l'autre moyen est de le chasser dans quelque coin d'un lac ou vivier, et là de le saisir. Cette
dernière méthode ne peut être mise en usage par
elle que dans l'eau qui n'a pas de courant, et pour
prendre de petits poissons; car il serait impossible à cet animal de faire suivre une direction
quelconque à du poisson dans des eaux profondes.

On a fait la remarque que la loutre cause autant de dégat dans un vivier, que le putois dans
un poulailler, car elle tue souvent plus de poissons
qu'elle n'en peut manger, et emporte le reste dans
sa gueule.

La femelle de ce quadrupède donne de quatre

à cinq petits à la fois, vers le mois de juin ; comme elle fréquente les étangs près des maisons des bourgeois, on trouve de ses ventrées dans des celliers, des égouts et des cloaques. Il est des petits de cet animal qui ont été allaités par une chienne. Cette singularité a eu lieu près de South-Molton dans le Devonshire. Une jeune loutre, ainsi allaitée, suivit son maître avec les chiens, mais elle ne montra aucune inclination pour l'eau. Les petites loutres ne sont pas si belles que les vieilles.

Dans l'Amérique septentrionale, ces quadrupèdes changent de couleur l'hiver, et deviennent blancs comme la plupart des animaux du pôle arctique. Ce n'est que très-tard au printemps qu'ils reprennent leur couleur brune d'été.

La chasse de la loutre était considérée autrefois comme un passe-temps fort agréable et fort lucratif ; elle nécessitait l'emploi de chiens dressés à cet exercice : les chasseurs se partageaient en deux bandes pour côtoyer les rivières, et pour battre leur rivage et les haies avec des chiens : si une loutre se trouvait dans les environs, on découvrait bientôt ses traces sur la vase. Presque dans tous les endroits où cela était possible, on rendait le lit de cette rivière le plus bas que l'on pouvait pour mettre à découvert les bas fonds, les roseaux et les racines d'arbres, qui, sans cela, lui auraient offert un asile. Chaque chasseur avait une pique pour attaquer la loutre lorsqu'elle *éventait*, ou qu'elle venait à la surface de l'onde pour respirer; si l'on ne la trouvait pas sur le bord de la rivière, on était sûr qu'elle avait fait beaucoup de chemin dans l'eau, car quelquefois ces animaux s'éloignent à des distances considérables de leur gîte, et aiment mieux remonter que descendre les fleuves. Si les chiens faisaient partir une loutre, le chasseur regardait ses pas sur la vase, pour connaître le chemin qu'elle prenait. Les piques ou lances servaient à aider ces animaux. Lorsqu'une loutre est blessée, elle court aussitôt à terre, où elle se défend avec beaucoup d'opiniâtreté. Elle mord très-profondément et ne quitte jamais prise; quand elle saisit un chien, elle plonge avec lui dans l'eau, et l'entraîne fort avant au-dessous de sa surface. Une vieille loutre ne se rend jamais, tant qu'elle conserve un souffle de vie; et il est à remarquer que le mâle de cet animal ne pousse aucun cri lorsqu'il est mordu par les chiens, ou même percé d'un coup de lance; les femelles, si elles sont pleines, font un cri très-aigu, quand elles sont blessées. La chasse des loutres a encore aujourd'hui ses admirateurs, qui s'y livrent avec autant de passion qu'à toute autre.

En 1795, quatre loutres furent tuées près de

Bridgnorth sur le Worse. Les chiens en poursui-virent une d'elles trois heures, et les autres, qua-tre, sans les perdre un seul instant de vue. Le cœur de ces animaux fut apporté et mangé par beaucoup de personnes respectables qui avaient assisté à cette chasse.

La chair de loutre a une odeur si forte, et sent tellement le poisson, que la religion catholique permet de la manger les jours maigres. M. Pen-nant en fit un jour préparer une dans le couvent des Carthasiennes, auprès de Dijon, pour le dîner d'une religieuse de cet ordre rigide, quoique la règle de la maison leur défendît de manger de la chair pendant toute leur vie. Les loutres de Cayenne sont très-grasses; elles pèsent de quatre-vingt-dix à cent livres. Leur cri est très-élevé et peut s'entendre à une distance considérable.

LA LOUTRE DE MER.

Un grand nombre de loutres de mer se trouvent dans le voisinage du Kamtschatka, dans les îles adjacentes et sur les côtes opposées de l'Amérique; mais elles ne parcourent que quelques degrés de latitude. La longueur de ces animaux est d'environ quatre pieds, dont la queue occupe treize pouces;

leurs oreilles sont petites et droites, et leurs moustaches longues et blanches; elles ont les jambes
courtes et épaisses; celles de derrière ressemblent
un peu à celles du phoque : les plus grosses loutres de mer pèsent de 17 à 18 livres; leur pelage
est long, fourré et luisant.

Ces quadrupèdes sont très-innocens et très-at-
tachés à leur progéniture; ils ne l'abandonnent
jamais; ils meurent de faim si on leur enlève leurs
petits, et chercheront à rendre le dernier sou-
pir dans l'endroit où ils auront été pris : la femelle
ne met bas qu'un petit par portée, et elle lui donne
à téter pendant le cours d'une année entière. Les
pères et mères portent souvent leurs petits dans
leur bouche; les vieux les prennent dans leurs
pattes de devant, et nagent avec eux en se tenant
sur le dos : les loutres de mer nagent sur le côté, sur
le dos et debout; elles aiment beaucoup à jouer, et
l'on en voit souvent deux ensemble qui se tiennent
embrassées. Lorsqu'on les attaque elles ne font aucune résistance, mais elles cherchent à s'échapper en
fuyant. Si, néanmoins, se trouvant serrées de près,
elles ne voient pas jour à pouvoir fuir, elles grognent
comme un chat dont elles imitent les grimaces. Si
elles reçoivent un coup, elles s'étendent aussitôt sur
le côté, tenant en l'air une de leurs pattes de derrière, se couvrant les yeux avec celles de devant, et

se préparent ainsi à la mort ; mais si elles sont assez heureuses pour échapper aux gens qui les poursuivent, elles se moquent d'eux aussitôt qu'elles n'ont plus rien à craindre, en faisant toutes sortes de singeries, c'est-à-dire, en se dressant sur les ondes, en sautant par-dessus les vagues, en se couvrant les yeux de leurs pattes de devant, comme si elles voulaient se mettre à l'abri du soleil pour regarder leurs ennemis, puis en jetant leurs petits à l'eau, ou en allant les chercher. Quand elles fuient, elles prennent dans leur bouche ceux qui sont à la mamelle, et chassent devant elles ceux qui sont parvenus à leur croissance. On prétend que la chair de ces loutres, lorsqu'elles sont jeunes, fait un excellent manger, et qu'elle a beaucoup de ressemblance avec celle de l'agneau.

CHAPITRE VII.

LE SANGLIER.

Ce quadrupède, d'où dérivent toutes les variétés du cochon, est beaucoup plus petit que cet animal domestique, et ne varie pas comme lui dans sa couleur, qui est toujours d'un gris mélangé tirant sur le noir; son museau est beaucoup plus long que celui du cochon ordinaire, et il a les oreilles courtes, rondes et noires; chacune de ses mâchoires est armée de terribles défenses avec lesquelles il fouille la terre pour chercher des racines et fait des dégâts considérables dans des terrains cultivés; il s'en sert aussi pour agir offensivement contre ses ennemis, et leur fait quelquefois de grandes blessures.

Les sangliers ne sont pas, à proprement parler, des animaux solitaires ni des animaux qui vivent en troupes; les trois premières années, les petits suivent leurs mères et réunissent leurs efforts contre l'attaque des loups et de toute autre bête féroce. C'est de cette réunion que dépend la sûreté de ces quadrupèdes, quand ils sont jeunes;

car dès qu'ils sont poursuivis, il se prêtent un secours mutuel; les plus robustes forment un cercle et font tête au danger, les plus faibles se placent au centre. Cependant, lorsque le sanglier a pris sa croissance, il erre seul dans les forêts sans paraître éprouver la moindre crainte : il ne cherche pas le danger, mais il ne paraît pas non plus l'éviter.

La chasse de ce quadrupède est dangereuse, mais elle n'en fait pas moins l'amusement et la récréation des grands; les chiens employés pour cette chasse sont d'une espèce lourde et pesante; ceux dont on se sert pour celle du cerf ou du chevreuil atteindraient trop promptement leur proie, et au lieu d'une chasse on n'aurait qu'un combat : le sanglier ne fuit pas loin, il se laisse chasser de près et n'a pas grand peur des chiens; il s'arrête souvent pour les attendre ainsi que pour les charger; mais ces animaux, connaissant le danger de l'approcher de trop près, se tiennent de loin et aboient après lui, à une certaine distance; le sanglier enfin, excédé de fatigue, fait halte et discontinue d'avancer; les chiens alors cherchent à l'attaquer par derrière : cette témérité coûte la vie à plusieurs d'entre eux, et les autres se tiennent toujours éloignés jusqu'à l'arrivée des chasseurs qui le percent à coups de lance.

Ce quadrupède se trouve dans presque toutes les parties de l'Europe et de l'Asie , ainsi que dans quelques contrées de l'Afrique : il paraît qu'autrefois l'Angleterre était le pays natal de cet animal, comme il est aisé de le voir, d'après la loi de Howel , fameux législateur Welsh, qui permettait à son grand-veneur de chasser le sanglier depuis la mi-novembre jusqu'au commencement de décembre. Guillaume-le-Conquérant punissait de la perte de la vue ceux qui étaient convaincus d'avoir tué des sangliers dans ses forêts.

LE COCHON.

Ce quadrupède est en général un être innocent, et il ne se repaît que d'animaux privés de la vie, ou qui ne sont capables d'aucune résistance ; il fait, en grande partie, sa nourriture de végétaux, mange la chaire la plus putride : on lui croit cependant l'appétit plus glouton qu'il ne l'a réellement ; il choisit du moins les plantes de son goût avec autant de sagacité que de délicatesse, et ne s'empoisonne jamais comme les autres animaux, pour ne pas savoir distinguer les alimens salubres de ceux qui sont malsains ; quelque concentré dans lui-même , quelque indocile, quelque vorace qu'on le suppose, aucun animal n'a plus de sympathie pour les êtres de son espèce; du moment qu'un cochon donne un signal de détresse, tous ceux dont il est entendu volent à son secours : on a vu de ces animaux se réunir autour d'un chien qui harcelait un de leurs compagnons, et le tuer sur le lieu même. Si un mâle et une femelle qui ont été renfermés dans un toit, étant jeunes, se trouvent ensuite séparés, la femelle dépérit à vue d'œil dès le moment de cette séparation, et meurt de tristesse.

Les formes de cet animal sont très-sagement assorties au genre de vie qu'il mène : comme il ne peut se procurer sa subsistance qu'en retournant la terre avec son groin, il a le cou fort et membru; les yeux petits et placés très-haut dans la tête; le museau long et calleux, et le sens de l'odorat exquis.

On voit souvent, dans l'île de Minorque, un cochon, une truie et deux jeunes chevaux attelés ensemble, et de ces animaux, la truie est celui qui tire le mieux; l'âne et le verrat sont aussi, suivant la nature du terrain, attachés à la même charrue pour labourer la terre. Dans quelques contrées de l'Italie, on emploie les cochons à chercher des truffes qui croissent à quelques pouces de la superficie : on attache une corde à la jambe de l'animal, puis on le conduit dans des pâturages ; et partout où il s'arrête et se met à fouiller avec son boutoir, on est sûr de trouver des truffes.

Les différens cochons savans que l'on a fait voir dans ce pays, offrent la preuve incontestable que ces animaux ne sont pas dépourvus d'un certain degré de sagacité naturelle. L'exemple suivant, d'ailleurs, confirmera cette vérité d'une manière vraiment curieuse.

« Un garde-chasse de sir H. Mildmay, dit le » respectable M. Daniel, dressa une truie noire à » quêter le gibier et à le tenir en arrêt ; *Slut*, c'est » le nom qu'il lui donnait, avait le nez aussi fin » que le meilleur chien couchant. Après la mort » de sir Henri, cette *truie chasseresse* fut vendue » pour une somme considérable ; mais il est à pré- » sumer que le secret de dresser les truies à la » chasse est mort avec son inventeur. »

Le cochon est un de ces animaux destinés à purger la terre de tout ce qu'elle a de malpropre, et il convertit les choses les plus immondes en une nourriture excellente. C'est avec assez de raison aussi qu'on l'a comparé à l'avare qui mène une vie inutile, et qui, après sa mort, fait du bien par l'effet même de sa conduite sordide. Le co- chon pendant sa vie rend peu de services ; il ne sert qu'à délivrer la terre de toutes les impuretés que les autres animaux rejettent.

La rudesse du poil, la dureté de la peau et l'épaisseur de la graisse, rendent ces animaux peu sensibles aux coups. On a vu des souris se loger sur leur dos et leur ronger le lard sans paraître les incommoder.

Quoique d'un naturel innocent, le cochon possède des moyens d'attaque et de défense qui, quand il les emploie, en font un formidable ennemi; cet animal néanmoins est stupide et indolent; il n'y a que les seuls besoins de son appétit qui peuvent interrompre son repos auquel il retourne toujours dès qu'ils sont satisfaits.

Le vent paraît avoir la plus grande influence sur ce quadrupède; toutes les fois qu'il souffle avec violence, il se montre très-agité et court à son toit, en poussant quelquefois des cris aigus et perçans.

Les naturalistes ont aussi fait la remarque, qu'à l'approche du mauvais temps, les cochons portent de la paille à leur étable, comme s'ils voulaient se mettre à l'abri de l'orage. Les paysans, dans certaines contrées de l'Angleterre, ont ce singulier adage « *les cochons savent voir le vent.* »

La durée de la gestation de la truie est de quatre mois; elle a une très-forte ventrée qui s'élève quelquefois à vingt petits. Les cochons vivent un temps considérable, et souvent même de 25 à 30 ans ; leur chair, quoique très-nourrissante à raison de ce qu'elle ne se digère pas aussi facilement que celle des autres animaux, passe pour être malsaine, surtout pour des personnes qui mènent une vie sédentaire.

Nous avons parlé d'un procès intenté aux rats qui dévastaient les campagnes de l'évêché d'Autun, M. le président de Thou l'ayant consigné dans son histoire du massacre des Vaudois. Un autre auteur, nommé Guy-Pape, raconte, qu'allant à Châlons présenter ses hommages au Roi, il vit à des fourches patibulaires, un porc qu'on avait condamné judiciairement à être pendu, pour avoir tué un enfant. Il est bon d'ajouter que cela dut se passer au milieu du 15°. siècle.

Terentius Varron rapporte que Enée avait une truie qui mit bas à Lavinium, trente pourceaux blancs, d'une seule portée. On tira un présage de cette circonstance, et l'événement justifia ce qui avait été pronostiqué. Trente ans après, les habitans de Lavinium bâtirent la ville d'Albe. A l'époque où Varron écrivait, il disait : « On peut » encore voir aujourd'hui des vestiges de cette » truie et de ses pourceaux à Lavinium, où leurs » statues en bronze sont exposées aux regards du

» public, et où les prêtres montrent le corps de
» la mère qu'ils ont conservé dans de la salure. »

Il existe dans l'île de Sumatra, une variété de
cochons qui fréquentent les buissons impénétrables et les marais de la côte : ils vivent de crabes
et de racines, et se réunissent en bandes. Ces
animaux sont d'une couleur grise et plus petits
que ceux de l'Angleterre ; à de certaines époques
de l'année, ils nagent en troupeaux qui se composent quelquefois de mille ou douze cents cochons
d'un côté à l'autre de la rivière *Siak*, dont la
largeur est de quatre milles, et reviennent à des
jours fixés. Ils font cette traversée par de petites
îles en nageant de l'une à l'autre : dans ces circonstances, ces animaux sont poursuivis par une
tribu de Malais distincte de toutes les autres de
cette île, qui vit sur les côtes du royaume de Siak ;
ces Malais prennent le nom de Sabétiens.

On prétend que ces hommes découvrent les
cochons à leur odeur, long-temps avant de les
voir, et que lorsqu'ils l'on éventée, ils préparent leurs bateaux, en ayant soin auparavant
d'envoyer leurs chiens, qui sont dressés à cette
espèce de chasse, le long de la côte des marais,
pour empêcher par leurs aboiemens ces animaux de venir se cacher dans l'épaisseur des buissons ; dans leur passage, les verrats ouvrent la

ımarche et sont suivis par leurs femelles et par
ıleurs petits qui nagent tous sur la même ligne .
ıles uns appuyant leur groin sur la croupe de ceux
ıqui les précèdent ; ces animaux, en nageant ainsi
ıappuyés les uns sur les autres, offrent un spectacle
ıtrès-singulier.

Les Sabétiens, hommes et femmes, vont à leur
rencontre dans de petits bâteaux plats ; ceux qui
occupent le devant de ces canots, rament et jettent de grandes nattes faites de feuilles entrelacées
les unes dans les autres, devant le chef de chaque
bande de cochons qui continuent toujours de
nager avec beaucoup de courage ; mais, en enfon-
çant leurs pieds dans ces nattes, ils s'y embarrassent tellement qu'ils ne peuvent plus les remuer, ou qu'ils les agitent très-lentement ; les
autres n'en prennent pas pour cela l'alarme, mais
ils suivent toujours à la file, aucun d'eux n'aban-
donnant la position où il était placé ; les chasseurs
avancent vers eux dans une direction latérale, et
les femmes armées de longues javelines tuent
tous ceux de ces cochons qu'elles peuvent atteindre ; pour ceux qui sont hors de leur portée,
elles ont de petits javelots de six pieds qu'elles
jettent avec beaucoup d'adresse, à la distance de
neuf à dix verges : comme il est impossible à ces
chasseurs de jeter des nattes devant toutes les

colonnes de ces animaux, le reste s'enfuit en nageant vers l'endroit d'où ils doivent remonter à
terre en se sauvant par cette voie : le nombre
de ces animaux tués était fort considérable; les
habitans de ce pays les salent et les mettent dans
de grands bâteaux dont ils se font suivre.

Une partie de ces cochons est vendue aux com-
merçans chinois qui viennent parcourir cette île,
et ils ne conservent du reste que les peaux et
la graisse; cette dernière, lorsqu'elle se vend,
est achetée par les Chinois Maki, et sert de beurre
aux gens du peuple, tant qu'elle n'est pas rance;
elle remplace aussi l'huile de coco pour les lampes.

LE COCHON D'ÉTHIOPIE.

En général, l'extérieur de ce quadrupède ressemble à celui du cochon ordinaire; mais on le
distingue de ce dernier, à deux loupes ou deux
bandes semi-circulaires placées au-dessous des
yeux; son groin aussi est beaucoup plus large,
très-fort et très-calleux. Cet animal est d'un naturel farouche et sauvage; il habite principalement
dans des tanières souterraines, qu'il creuse avec
son groin et ses sabots. Lorsqu'il est attaqué ou
poursuivi, il se jette avec la plus grande violence

sur son adversaire, se servant, pour le frapper, de ses défenses avec lesquelles il peut faire les plus terribles blessures. Les cochons d'Éthiopie se trouvent dans les contrées les plus chaudes et les plus incultes de l'Afrique. Depuis le Sénégal jusqu'au Kamtschatka , les habitans de ces pays ont le plus grand soin de s'éloigner de la retraite de ces animaux, à raison de ce que leur naturel sauvage les porte quelquefois à s'élancer sur les passans et à les mutiler.

Un cochon de cette espèce fut envoyé, en 1765, par le gouverneur du cap de Bonne-Espérance, au stathouder. Cet animal, à raison de son état de captivité et des attentions qu'on eut pour lui, devint absolument privé, excepté dans les circonstances où on le tourmentait, et alors les personnes mêmes qui étaient chargées de le garder, avaient peur de lui ; en général néanmoins, lorsqu'on ouvrait la porte de sa loge, il témoignait sa joie par des sauts et par des bonds.

« L'ayant laissé seul pendant quelques mo-
» mens, dit M. Vosmaër, je le trouvai, à mon
» retour, fort occupé à fouiller en terre, où,
» nonobstant le pavé fait de petites briques bien
» liées, il avait déjà fait un trou d'une grandeur
» incroyable, pour se rendre maître, comme nous
» le découvrîmes ensuite, d'une rigole très-pro-

» fonde qui passait au-dessous. Je le fis interrom-
» pre dans son travail, et ce ne fut qu'avec beau-
» coup de peine, et avec l'aide de plusieurs hom-
» mes, que l'on vint à bout de vaincre sa résistance,
» et de le faire rentrer dans sa cage, qui était à
» claire-voie. Il marqua son chagrin par des cris
» aigus et lamentables. On peut croire qu'il a été
» pris jeune dans les bois de l'Afrique, car il pa-
» raît avoir grandi considérablement. Il a très-bien
» passé l'hiver dernier (1776), quoique le froid
» ait été fort rude, et qu'on l'ait tenu enfermé la
» plus grande partie du temps. Il semble l'empor-
» ter en agilité sur les porcs de notre pays; il se
» laisse frotter volontiers avec la main et même
» avec un bâton; il semble qu'on lui fait encore
» plus de plaisir en le frottant rudement; c'est de
» cette manière qu'on est venu à bout de le faire
» demeurer tranquille pour le dessiner. Quand on
» l'agace ou qu'on le pousse, il se recule en ar-
» rière, en faisant toujours face du côté où il se
» trouve assailli, en secouant et heurtant vivement
» la tête. Après avoir été long-temps enfermé, si
» on le lâche, il paraît fort gai, il saute et donne
» la chasse aux daims et aux autres animaux, en
» redressant la queue, qu'autrement il porte pen-
» dante. Il mange de toutes sortes de graines; sa
» nourriture, à bord du vaisseau, était le maïs et

» de la verdure autant qu'on en avait ; depuis
» qu'il a goûté ici de l'orge et du blé sarrazin , avec
» lesquels on nourrit plusieurs autres animaux de
» la ménagerie , il s'est décidé préférablement pour
» cette mangeaille , et pour les racines d'herbes et
» plantes qu'il fouille dans la terre. Le pain de
» seigle est ce qu'il aime le mieux ; il suit les per-
» sonnes qui en ont. Lorsqu'il mange , il s'appuie
» fort en avant sur ses genoux courbés , ce qu'il
» fait aussi en buvant , en humant l'eau de la sur-
» face , et il se tient souvent dans cette position
» sur les genoux des pieds de devant. Il a l'ouïe
» et l'odorat très-bons , mais il a la vue bornée ,
» tant par la petitesse que par la situation de ses
» yeux , qui l'empêchent de bien apercevoir les
» objets qui sont autour de lui, les yeux se trou-
» vant non-seulement placés beaucoup plus haut
» et plus près l'un de l'autre que dans les autres
» porcs , mais étant encore à côté et en dessous
» plus ou moins offusqués par deux lambeaux , que
» bien des gens prennent pour de doubles oreilles. »

Le docteur Sparrmann fut témoin , pendant son
séjour en Afrique , de la manière curieuse dont
ces animaux prennent la défense de leurs petits
quand on leur fait la guerre ; il suivit plusieurs
de ces nourrissons accompagnés de vieilles laies,
dans l'intention de les tuer ; mais, quoiqu'il eût

T. 2.   11

échoué dans son entreprise, cette chasse lui pro-
cura beaucoup de plaisir.

La tête des femelles, qui d'abord lui avait paru
de moyenne grosseur, lui sembla tout-à-coup plus
grosse et plus difforme qu'elle ne l'était réellement ; il trouva ensuite que cette différence pro-
venait de ce que chacune de ces laies avait pris
dans la fuite un de ses petits, et le portait dans
sa gueule. Cette découverte lui expliqua un autre
sujet de surprise, c'est-à-dire, l'étonnement qu'il
avait éprouvé en s'apercevant que tous les mar-
cassins qu'il avait poursuivis avec leurs mères,
avaient tout-à-coup disparu.

LE PECCARI ou LE COCHON DU MEXIQUE.

Cet animal paraît, au premier abord, ressembler à un petit cochon domestique, surtout par
la forme de sa tête, la longueur de son museau,
la structure de son corps et celle de ses jambes ;
mais en l'examinant de plus près, on remarque
entre ces deux quadrupèdes des différences no-
tables : le peccari n'est pas aussi corpulent que
le cochon ; ses soies sont plus dures et plus fortes,
et l'animal à sur le dos une espèce de nombril,
une fente qui exsude une liqueur très-abon-

dante, et qui a une forte odeur de musc; ses oreilles sont longues de deux pouces et demi ou environ, et droites; il a les yeux petits, et un côté de la lèvre inférieure poli par le frottement de la défense de la mâchoire supérieure : son pied et son sabot ressemblent à ceux du cochon ordinaire, mais il n'a pas de queue.

Ces quadrupèdes, quand on ne les attaque pas, sont très-innocens et fort tranquilles; mais quand on leur dérobe leurs petits, ils entrent dans la plus grande fureur : dans cette circonstance, le troupeau se réunit à l'effet de poursuivre le ravisseur; et si celui-ci est assez heureux pour échapper à leur vengeance, en grimpant sur un arbre, ils se rassemblent autour de ses racines, y restent des heures entières, les soies hérissées et les yeux étincelans de rage.

Le peccari peut s'apprivoiser comme le cochon ordinaire; et si on le prend jeune, il perd bientôt de sa férocité naturelle, mais sans se dépouiller de sa grossière stupidité, sans témoigner la moindre marque d'attachement ou de docilité, et sans vouloir même reconnaître la main qui le nourrit; il fait rarement entendre sa voix, à moins qu'il ne prenne l'alarme, ou qu'il ne soit irrité, et alors il a une manière brusque de souffler. Quand plusieurs de ces animaux sont renfermés dans un champ, ils poussent, en mangeant, une espèce de grognement plus fort et plus dur que celui du cochon ordinaire.

La chair du peccari, quoique plus maigre et plus sèche que celle du cochon d'Europe, n'est pas désagréable. Aussitôt qu'on l'a tué, il faut lui enlever la glande dorsale, car si l'on diffère cette opération d'une demi-heure seulement, la chair n'en est plus mangeable. L'un de ces animaux, qui est en la possession de M. Pidcok, à Exeter-Change, est si privé, qu'on le laisse courir dans l'un des appartemens principaux de sa ménagerie.

LE BABIROUSSA.

Le babiroussa, quoique rangé pour l'ordinaire parmi les animaux de l'espèce du cochon, diffère matériellement de cette espèce, en ce qu'il n'a ni les soies, ni la stature, ni la tête, ni la queue du cochon : ses jambes sont beaucoup plus hautes que celles de cet animal ; il a le cou moins gros, les oreilles courtes et pointues, la queue longue et touffue à son extrémité ; le babiroussa est couvert d'un poil court et moelleux, d'un gris brun mêlé et roux ; son museau est armé de quatre grandes défenses, dont les deux plus fortes partent de la mâchoire inférieure, en se relevant et en s'éloignant de près de huit pouces de leurs alvéoles; deux autres dents sortent comme des cornes au-dessus de la mâchoire supérieure, et s'étendent en se recourbant au-dessous des yeux. Ces défenses sont d'un très-bel ivoire, mais moins dur que celui de l'éléphant.

Quoique le babiroussa paraisse, à raison de ces défenses, un animal propre à des vues hostiles, il vit principalement de végétaux ou de feuilles d'arbres, et se tient, pour l'ordinaire, éloigné de l'homme, cherchant rarement à pénétrer dans les jardins, comme le fait le sanglier, pour piller les productions de l'industrie humaine les plus esculentes : on peut facilement l'amener à l'état domestique, et l'on prétend que sa chair fait un assez bon manger, quoiqu'elle soit prompte à se putréfier.

Ces animaux ont une singulière manière de se reposer; ils accrochent une de leurs défenses supérieures à la branche d'un arbre, et laissent leur corps se balancer librement. Ils restent ainsi suspendus pendant toute la nuit, en pleine sécurité et hors de l'atteinte des animaux qui leur font la chasse.

Ils vont par troupes, comme les quadrupèdes de l'espèce des cochons, et exhalent une odeur très-forte, qui les découvre aux chiens; ils courent beaucoup plus vite que le sanglier; et lorsqu'ils sont poursuivis, ils se défendent d'une manière terrible, en se jetant parfois sur les chiens, et leur faisant de profondes blessures avec leurs défenses de la mâchoire inférieure.

S'ils se trouvent serrés de près, quand ils sont sur le bord de la mer, ils se jettent au milieu des ondes, où ils nagent avec beaucoup de facilité, en plongeant et revenant à fleur d'eau.

Le babiroussa est originaire de Bornéo dans les Indes orientales; il se trouve aussi dans quelques autres parties de l'Asie et de l'Afrique.

LE COCHON D'INDE.

Ce quadrupède est beaucoup plus petit que le lapin; ses oreilles sont grandes et larges, et en général sa couleur est blanche, mêlée d'orange et de noir; il est originaire du Brésil, mais il vit et propage dans les climats tempérés, et même dans les pays froids lorsqu'il est convenablement à l'abri de l'inclémence des saisons. Dans l'état de domesticité, il se nourrit de pain, de graines, de fruits et de diverses substances végétales, mais il semble donner une préférence décidée au persil. On peut le rendre aisément familier; il est très-nnocent et très-propre.

Lorsqu'on tient des cochons d'Inde dans une chambre, ils en traversent rarement le parquet, mais ils se glissent presque toujours le long du mur; leurs mouvemens ressemblent beaucoup à ceux du lapin; ils frappent leur tête avec leurs pieds de devant et s'asseyent sur leurs jambes de derrière comme cet animal. Le mâle force ordinairement la femelle à marcher devant lui et suit exactement tous ses pas. Les cochons d'Inde aiment beaucoup les retraites obscures et embarrassées, et s'exposent rarement à sortir lorsqu'il y a du danger à le faire. Lorsqu'ils sont sur le point de quitter leur asile, ils s'avancent à son entrée pour écouter et regarder autour d'eux; s'ils ne voyent rien de suspect, ils sortent pour chercher leur nourriture; mais à la moindre alarme, ils y rentrent avec précipitation.

Ces animaux sont si propres dans leurs habitudes, que si, par quelque accident, leurs petits attrappent de la malpropreté sur leur robe, la femelle les prend tellement en aversion qu'elle ne les laisse plus approcher d'elle. On les trouve presque toujours occupés à polir leur fourrure à la manière des chats; la principale occupation du mâle et de la femelle consiste à se polir réciproquement le poil; quand ils se sont rendus mutuellement cet office, ils tournent leur attention sur leurs petits, dont ils ont soin de tenir le pelage uni et sans inégalité; et à la moindre apparence d'indocilité de la part de leurs nourrissons, ils leur donnent une correction très-sévère.

Ils se couchent à plat sur le ventre pour se reposer, et font plusieurs tours avant de se coucher; ils dorment les yeux à demi ouverts, et sont très-faciles à éveiller. On prétend qu'il est très-rare de voir le mâle et la femelle dormir en même temps, et qu'ils se gardent à tour de rôle : ils sont excessivement délicats et ne peuvent supporter ni le froid ni l'humidité; leur voix ordinaire est une espèce de grognement semblable à celui d'un cochon de lait, mais leurs accens de douleur sont aigus et perçans.

Leur manière de combattre est singulière, et paraît extrêmement ridicule : l'un d'eux saisit avec ses dents le cou de son adversaire et cherche à en arracher le poil; dans ce moment même, l'autre tourne le derrière à son ennemi, rue à l'instar du cheval, et, pour se venger, écorche le côté de son antagoniste avec ses griffes de derrière, de sorte que quelquefois ils sont l'un et l'autre couverts de sang.

L'espèce de ces animaux serait presque innombrable s'il n'en périssait pas une grande quantité par différentes causes : les uns deviennent la proie

des chats, un grand nombre de femelles sont victimes de la férocité des mâles, et une quantité
considérable de jeunes et de vieux est détruite
par la rigueur des climats et par la négligence de
ceux qui les tiennent chez eux.

—————

L'AGOUTI.

L'AGOUTI est à peu près de la grosseur du lapin,
avec lequel il a beaucoup de ressemblance, tant
par la conformation de sa tête que par la forme
arquée de son dos, et par ses jambes de derrière
qu'il a plus longues que celles de devant; mais
son poil, d'un roux brunâtre, est dur et hérissé
comme celui d'un jeune cochon; sa queue et ses
oreilles sont plus courtes que celles du lapin, et
il n'a que trois doigts aux pieds de derrière, tandis que le lapin en a cinq.

Cet animal semble posséder la voracité du pour-
ceau, attendu qu'il mange indistinctement de
tout; et lorsqu'il est rassasié, il cache le reste de
ce qu'il mange pour une autre occasion. Sa nourriture ordinaire se compose de pommes de terre,
de dioscorea, et de fruits qui tombent des arbres
en automne. Il porte ce dont il se repaît à sa bouche avec ses deux mains, de la même manière

que l'écureuil, et il a le sens de l'ouïe et de la vue exquis. Quand on l'irrite, son poil se dresse sur son dos, et il frappe durement la terre avec ses pieds de derrière en poussant un cri semblable à celui d'un cochon de lait.

La femelle de l'agouti met bas deux à trois fois par an, dans les endroits les plus fourrés des forêts, et donne par portée quatre petits, auxquels elle fait un très-bon lit de feuilles et d'herbes sèches : au bout de trois jours elle les porte dans le creux d'un arbre, et quelque temps après elle les laisse pourvoir eux-mêmes à leur subsistance.

Lorsque l'agouti est poursuivi par des chasseurs dans un pays découvert, il fuit avec beaucoup de rapidité devant les chiens, jusqu'à ce qu'il ait gagné sa retraite qu'on ne peut lui faire abandonner qu'en l'enfumant. « Les chasseurs, dit Goldsmith, brûlent, à l'entrée de cette tanière, des fagots ou de la paille, et en dirigent la fumée de manière qu'elle en remplit toutes les cavités. Ce pauvre animal, prévoyant alors le danger qu'il va courir, demande quartier d'une voix plaintive, et ne quitte son trou qu'à la dernière extrémité : enfin, lorsqu'il est près d'être suffoqué, il a une seconde fois recours à la fuite. Chargé de nouveau par les chiens, et se trouvant dans l'impossibilité d'échapper, il se dresse sur les pattes de derrière, se jette sur le chasseur, et se défend avec la plus grande opiniâtreté ; quelquefois il mord les jambes de ceux qui veulent le prendre, et emporte la pièce. »

Les agoutis sont très-nombreux dans les parties méridionales de l'Amérique, et semblent appartenir à ce nouveau continent : la chair de ceux que l'on nourrit, fait un manger passable, et on l'accommode comme celle du cochon de lait.

CHAPITRE VIII.

LE MUSC.

Différentes descriptions de ce quadrupède ont été données par les naturalistes et les voyageurs, qui semblent s'être plus occupés du parfum qu'on en obtient, que de la nature et des qualités de l'animal lui-même.

Le musc du Thibet a plus de deux pieds de hauteur, à partir de l'épaule, et sa longueur, de la tête à la queue, est environ de trois pieds : il a les oreilles passablement longues, le cou épais, et son pelage sur toute l'étendue de son corps est long, droit et fourré; chacun de ses poils est ondé, c'est-à-dire que l'extrémité en est gris de fer, le milieu noir et le bas gris cendré; ses membres sont très-délicats et d'un noir pâle; il a la queue si courte qu'elle est à peine visible.

Le musc est originaire de différentes parties de l'Asie, et se trouve dans toute l'étendue du royaume de Thibet; il vit retiré sur les montagnes les plus élevées et les plus âpres; il est solitaire toute l'année, excepté dans l'automne : mais dans cette saison, on en voit de nombreux troupeaux se réunir pour changer de place , les approches des frimas les chassant du côté du midi. C'est au moment de cette migration que les paysans se tiennent en embuscade pour les prendre; les uns leur tendent des filets, d'autres les tuent avec des flèches et des bâtons ferrés : à cette époque, ces animaux sont si maigres et si languissans , à raison de la faim et de la fatigue qu'ils éprouvent , qu'on peut les prendre avec beaucoup de facilité.

Les porte-muscs sont d'un naturel doux et timide , et ils ont pour toute arme deux défenses placées à chaque côté de la mâchoire supérieure; ils sont très-alertes , et ils font quelquefois des sauts prodigieux d'un rocher à un autre; ils marchent si légèrement sur la neige , qu'ils y laissent à peine l'empreinte de leurs pieds, tandis que les chiens qu'on emploie à les chasser s'y enfoncent, et sont souvent obligés de renoncer à leur poursuite : ils se nourrissent de différens végétaux des montagnes.

Les chasseurs prennent souvent ces animaux dans des pièges , ou ils placent sur leur passage des arbalètes qui les tuent, s'ils mettent les pieds sur les cordes dont les bouts communiquent à la détente de ces armes. Ces quadrupèdes ont un réservoir ovale . de la grosseur d'un petit œuf . qui contient le parfum appelé musc : cette bourse, dont les mâles seuls sont pourvus, est suspendue au milieu de leur ventre. Un porte-musc parvenu à sa pleine croissance, produit un gros et demi de ce parfum, et un vieux, deux gros; cette poche est pourvue de deux petits orifices : l'un nu et l'autre couvert de poils blonds. Gmelin nous dit qu'en la serrant, il faisait sortir du musc par ces orifices, sous la forme d'une matière onctueuse brune : les chasseurs coupent ce sac et le lient par les deux bouts pour le vendre ; mais souvent ils en altèrent le contenu, en y mêlant diverses substances pour en augmenter le poids; souvent aussi ils en retirent entièrement le musc, et ils mettent à sa place une composition faite du sang et du foie de l'animal. La supercherie néanmoins à laquelle ils ont le plus souvent recours, est de mettre dans ce sac de petites parcelles de plomb bien trituré pour en augmenter le poids. On prétend que, quand on ouvre pour la première fois la poche du musc, il s'en exhale un si violent parfum, que toutes les personnes présentes sont obligées de se couvrir le nez de linge plié en plusieurs doubles, et que souvent, malgré cette précaution, il sort beaucoup de sang de leur nez. Lorsque le musc est frais, une petite quantité de ce parfum dans une chambre renfermée, devient insupportable, elle cause des étourdissemens et des hémorragies qui souvent sont devenues fatales. Les porte-muscs doivent être fort nombreux dans les pays orientaux. Tavernier nous apprend que, dans un seul voyage, il a recueilli 7673 bourses de musc. La chair de ces animaux, quoique fortement imbibée de l'odeur de musc, fait quelquefois la nourriture des Tartares et des Russes, qui se servent de sa peau pour se vêtir : les Russes en enlèvent le poil, et savent la préparer de manière à la rendre aussi douce et aussi luisante que la soie.

L'ÉLAN.

Cet animal est souvent plus gros et plus grand que le cheval, mais la hauteur de ses jambes, le volume de son corps auquel on n'aperçoit pas de queue, le peu d'étendue de son cou, et la longueur extraordinaire de sa tête et de ses oreilles, rendent sa structure lourde et grossière. Le poil du mâle est noir à l'extrémité, d'un gris cendré au milieu, et parfaitement blanc à sa racine ; celui de la femelle est d'un gris cendré, mais blanchâtre sous la gorge, le ventre et les flancs. La lèvre supérieure des élans est large, profondément sillonnée et pendante sur la bouche ; ils ont le nez long et les narines fort ouvertes. Le bois, qui ne se trouve que sur la tête des mâles, est dépourvu d'andouillers, et ses empaumures présentent beaucoup de surface; il tombe tous les ans, et on en a vu qui pesaient plus de soixante livres.

Les jambes de ces quadrupèdes sont si hautes, et ils ont proportionnellement le cou si court, qu'il leur est impossible de paître sur un terrain uni, et qu'ils sont obligés de brouter l'extrémité des plantes dont la tige est élevée, et des feuilles ou des branches d'arbres.

Le pas des élans est une espèce de trot fort élevé, et tous leurs mouvemens, ainsi que toutes leurs attitudes, paraissent excessivement gauches. Ces animaux lèvent le pied très-haut en marchant, et peuvent sauter aisément par dessus une barrière de cinq pieds de haut. Comme ils ont l'ouïe très-fine, il est difficile de les atteindre; dans l'été, les sauvages n'ont d'autre moyen de les tuer que de se glisser derrière des arbres ou des buissons, jusqu'à ce qu'ils n'en soient pas plus éloignés que de la portée d'un coup de fusil; en hiver, saison où la neige est si dure dans le nord que les gens du pays peuvent marcher dessus avec des raquettes, ils les dépassent souvent à la course, car ces animaux ont les pieds fort tendres et l'haleine courte; leurs longues jambes s'enfoncent dans la neige à chaque pas, et les enterrent jusqu'au ventre ; quelquefois cependant les chasseurs mettent deux jours à les atteindre. Dans cette espèce de chasse, les sauvages ne prennent avec eux qu'un couteau ou une baïonnette, et un petit sac contenant les objets nécessaires pour allumer du feu : lorsque les élans sont excédés de fatigues et qu'ils ne peuvent plus marcher, ils s'arrêtent pour faire face à leurs ennemis, et les éloignent d'eux avec leurs bois et leurs pieds de devant; ils se servent de ces derniers avec tant d'adresse, qu'ils tuent du premier coup un chien ou un loup. Les Indiens sont en général obligés de fixer leurs couteaux ou leurs baïonnettes au bout d'un bâton, et de poignarder ces animaux à une certaine distance : ceux qui négligent cette précaution, et se jettent sur eux, s'exposent à recevoir des coups très-violens. Lorsque les élans sont blessés, ils deviennent furieux, se jettent sur le chasseur et cherchent à l'abattre pour le fouler aux pieds : dans ce cas, les chasseurs laissent leurs habits à la vengeance de ces animaux irrités, et s'échappent en grimpant sur des arbres.

Dans les grandes chaleurs, les élans fréquentent les rivières et les lacs, et se plongent dans l'eau pour se soustraire aux piqûres des moustiques et autres insectes qui les tourmentent dans l'été; souvent les sauvages les tuent pendant qu'ils traversent des fleuves ou qu'ils se rendent en nageant, de la terre ferme dans quelque île : quand ils sont poursuivis dans cette situation, ce sont les plus innocens des animaux. Les jeunes élans sont si simples, si stupides en nageant, que M. Hearne a vu un sauvage courir à l'un d'eux avec son canot, et lui toucher la tête sans qu'il fît la moindre résistance : le pauvre animal paraissait aussi content près de ce canot, que s'il eût nagé près de sa mère, et regardait de l'œil le moins défiant ceux qui étaient à la veille de l'immoler; il se servait à chaque instant de ses pieds de devant pour chasser de ses yeux les moustiques dont le nombre était alors prodigieux autour de lui. Quelquefois un parti considérable de sauvages se réunit dans leurs canots, qui forment un vaste fer à cheval vers les rives d'un fleuve ou d'une rivière ; des corps détachés vont ensuite dans les bois, et après avoir entouré une grande quantité de terrain, ils lâchent leurs chiens, et courent en poussant de grands cris près du rivage. Ces animaux épouvantés fuient devant les chasseurs vers le fleuve, se jettent à l'eau, et les Indiens qui les attendent dans leurs pirogues, les tuent à coups de lance ou de massue.

Les sauvages plantent aussi, dans une vaste pièce de terrain, des pieux enlacés de branches d'arbres, et forment avec ces palissades les deux côtés d'un triangle dont le bas donne dans un second enclos parfaitement triangulaire : ils tendent ensuite à l'ouverture de ce second triangle, des lacets faits de lanières de cuir mou ; les élans sont poussés dans le premier triangle par des gens placés dans le bois, et quelques-uns de ces animaux, en cherchant à se faire un passage dans le second triangle, sont pris par le cou ou par l'armure. Ceux qui échappent au piége en traversant l'ouverture de ce triangle, sont assaillis de flèches qui pleuvent sur eux de toutes parts, et succombent sous les traits des chasseurs.

Il paraît qu'on peut apprivoiser ces quadrupèdes avec beaucoup de facilité : il en est qui suivent leur gardien, à une distance considérable de la maison, et reviennent avec lui sans essayer en aucune manière de s'échapper.

M. Hearne dit qu'un Indien avait, en 1777, à la factorerie de la baie d'Hudson, deux de ces animaux si privés, que lorsqu'il se rendait au fort du prince de Galles, dans un canot, ils le suivaient le long des rives du fleuve; que toutes les fois qu'il débarquait, ils venaient le caresser comme auraient fait des animaux domestiques, et qu'ils ne cherchaient jamais à s'éloigner de lui. Un jour il traversa à la nage une baie très profonde pour s'épargner un circuit considérable, qu'il lui eût fallu faire par la côte, et s'attendit à ce que ces animaux le suivraient comme de coutume; mais ils ne le joignirent pas le soir, et comme on entendit dans ces cantons des hurlemens de loups, il y a tout lieu de croire qu'ils furent dévorés.

M. d'Obsonville dit avoir eu en sa possession, lorsqu'il était aux grandes Indes, un animal qui paraît avoir été de cette espèce. « Je me le procu-
» rai, dit-il, lorsqu'il n'avait que dix à douze
» jours, et le gardai pendant l'espace de deux ans
» sans jamais l'attacher; je le laissais courir au
» loin et m'amusais même à le faire traîner ou
» porter dans la cour de petits fardeaux; il venait
» toujours à moi quand je l'appelais; et ne don-
» nait des signes d'impatience que quand je ne
» lui permettais pas de rester à mes côtés. Lorsque
» je quittai l'île de Sumatra, je le donnai à M. Law
» Lauriston, gouverneur général et mon ami in-
» time. Ce seigneur, n'ayant pu le garder près de
» lui, l'envoya à sa terre; là, comme on le laissa
» seul attaché dans un coin du château, il devint
» bientôt si furieux qu'il ne se laissa plus appro-
» cher; les personnes qui lui portaient tous les
» jours à manger étaient obligées de déposer ses
» rations à une certaine distance. Au bout de
» quelques mois j'allai le voir; ce pauvre animal
» me reconnut de très-loin; et comme je voyais

» les efforts qu'il faisait pour venir à moi, j'allai
» au-devant de lui : de ma vie je n'oublierai l'im-
» pression que firent sur moi les caresses qu'il me
» prodigua ; un de mes amis, qui se trouvait pré-
» sent, ne put s'empêcher d'éprouver les mêmes
» sensations que celles dont j'étais affecté. »

Il paraît, d'après les Transactions de la société
de New-York, qu'on est parvenu à rendre l'élan
très-utile aux travaux de l'agriculture. M. Livings-
ton, président de cette société, a fait mettre deux
de ces animaux à la charrue, et quoiqu'ils n'eussent encore porté le mors que deux fois, ils paraissaient aussi dociles que des poulains du même
âge : ils employaient toutes leurs forces pour tirer et marchaient d'un pas très-assuré. Ils paraissaient avoir la bouche fort tendre, et il fallait
beaucoup de précaution pour empêcher que le
mors ne leur blessât les barres ; aussi, après différens essais on est parvenu à reconnaître que les
élans peuvent être utiles comme bêtes de trait ;
ce sera une acquisition fort avantageuse pour les
Américains. Comme ces animaux ont le trot fort
rapide, il est probable qu'attelés à de légères voitures, ils dépasseraient le cheval ; ils sont aussi moins
délicats sur leur nourriture que cet animal. Les
femelles ont d'ailleurs plus de lait qu'aucune bête
de somme. Lorsqu'un élan se réveille en sursaut

et qu'il cherche à s'échapper, il lui arrive quelquefois de tomber et de paraître comme privé de tous ses mouvemens : on ne sait si cela provient d'une attaque d'apoplexie ou d'un mouvement de frayeur. Ce fait, néanmoins, est trop authentique pour qu'il puisse y avoir le moindre doute sur sa réalité. Cette particularité a donné naissance à une superstition populaire qui attribue au sabot de ce quadrupède la vertu d'un remède contre l'apoplexie. Les Indiens sont fortement persuadés que l'élan a la faculté de se guérir de cette maladie et d'en prévenir le retour, en se grattant l'oreille avec ses sabots, jusqu'à ce qu'il y fasse venir le sang.

D'après le père Charlevoix, les Indiens ont une notion superstitieuse qu'il existe un élan d'une taille si gigantesque, que huit pieds de neige d'épaisseur ne l'empêchent pas de marcher; que son cuir est à l'épreuve de toutes sortes d'armes, et qu'il lui sort de l'épaule un bras dont toutes les fonctions sont les mêmes que celles du bras de l'homme. Ils prétendent aussi que cet être imaginaire est accompagné d'un nombre considérable d'autres élans qui composent sa cour, et qui lui rendent tous les services qu'un souverain peut exiger de ses vassaux. Ces hommes simples regardent l'élan comme une bête d'heureux présage, et croient que rêver souvent de cet animal, c'est un signe de longue vie.

La chair de l'élan est bonne à manger ; mais elle fait un aliment grossier; sa peau est si épaisse qu'on l'a vue souvent repousser la balle du mousquet; mais quand l'animal est privé, elle devient très-légère et très-flexible.

LE COUDOUS.

Le poil de cet animal est d'un gris cendré tirant sur le bleu ; une crinière peu fournie et noire s'étend depuis la nuque du cou jusque sur toute la longueur du dos, et la queue est terminée par une touffe de poils de la même teinte ; il a le front plat et orné d'un bouquet de crins hérissés ; son nez est pointu ; le coudous a un fanon très-remarquable qui lui pend au-devant de la poitrine, et qui est de la même couleur que la tête et le cou ; ses cornes, de deux pieds de long et d'une couleur brune, portent, depuis leur base, deux raies spirales proéminentes qui parcourent les deux tiers de leur longueur ; ces cornes sont lisses dans la partie supérieure, qui se termine en pointe.

Ces quadrupèdes se trouvent principalement dans l'Inde et dans le voisinage du cap de Bonne-Espérance ; ils semblent préférer les plaines et les vallons aux terrains élevés, et quand ils sont poursuivis, ils cherchent toujours à courir contre le vent ; leur marche est pesante ; et comme en général ils sont très-gras , ils se fatiguent aisément : les chasseurs font ordinairement tous leurs efforts pour avoir le pas sur eux, et alors ils descendent de cheval et les tuent. Le docteur Sparrmann dit que les Hollandais du cap ont souvent couru le coudous dans la pleine pendant l'espace de plusieurs milles , et qu'ils l'ont forcé d'entrer dans leurs maisons , long-temps avant de se douter qu'il valût la peine qu'on le tuât.

LE BUBALE.

Lᴀ hauteur de ce quadrupède est , d'après Sparrmann , d'un peu plus de quatre pieds ; ses cornes sont noires et chargées de dix-huit anneaux d'une forme régulière ; elles prennent naissance fort près l'une de l'autre, et s'éloignent beaucoup à leur extrémité : elles se recourbent en arrière dans une direction horizontale jusqu'à leurs pointes qui incline un peu vers la terre : la couleur générale de ce quadrupède est celle de la cannelle ; la face et la partie antérieure des jambes sont marquées de noir ; la hanche est sillonnée d'une raie noire et large, qui s'étend jusqu'au genou ; une tache ovale, d'un brun foncé, parcourt toute l'étendue du dos et se termine au-dessus de la queue, qui est grise, semblable à celle d'un âne, et couverte de longs poils noirs. Cet animal a au-dessus de l'œil, un larmier ou une petite ouverture qui distille une sorte de gomme ou de cire, regardée par les Hottentots comme un excellent remède ; ses jambes sont minces et se terminent par des sabots et des fanons très-petits.

Le poil de ce quadrupède est extrêmement fin ; mais sa grosse tête, son front élevé, et sa queue, qui ressemblent à ceux de l'âne, le rendent plus désagréable à la vue qu'aucune autre variété de l'espèce de l'antilope ; son allure, quand il court, est une espèce de galop fort pesant, et lorsqu'il a échappé à ceux qui le poursuivent, il fait un détour et les regarde en face.

Cet animal est l'antilope cervier de M. Pennant ; l'on présume qu'il est aussi le *bubalus* des anciens ; sa chair a une saveur fort agréable.

LA GRIMME.

« Cet animal, dit le docteur Herman, est sur le dos et sur le cou d'un gris cendré très-foncé, et blanc sous le ventre. Sa hauteur est environ de dix-huit pouces sur le sommet de la tête; entre les cornes est une touffe de poils noirs, et entre chaque œil et les narines, une cavité remplie d'une substance oléagineuse, jaune et visqueuse, qui participe du castoreum et du musc. » M. Vosmaër a publié en 1767 une description de ce quadrupède; nous allons en donner un extrait à nos lecteurs.

« Il a les jambes fines et très-bien assorties à son
» corps, la tête belle, et ressemblant assez à celle
» d'un chevreuil; l'œil vif et plein de feu, le nez
» noir et sans poil, mais toujours humide; les na-
» rines en forme de croissant allongé; les bords du
» museau noirs; la lèvre supérieure, sans être fen-
» due, paraît divisée en deux lobes; le menton a peu
» de poil; mais, plus haut, il y a de chaque côté
» une espèce de petite moustache, et sous le gosier
» un poireau garni de poils (ce qui rapproche
» encore cet animal du genre des chèvres, dont la
» plupart ont de même sous le cou des espèces de
» poireaux fournis de poils). La langue est plutôt
» ronde qu'oblongue ou pointue; les cornes sont
» noires, finement sillonnées du haut en bas, et
» longues d'environ trois pouces, droites sans la
» moindre cambrure, et se terminant, par le haut,
» en une pointe assez aiguë; à leur base elles ont
» à peu près l'épaisseur de trois quarts de pouce;
» elles sont ornées de trois anneaux qui s'élèvent
» un peu en arrière, vers le corps.

« Les poils du front sont un peu plus droits que
» les autres, gris et hérissés à l'origine des cor-
» nes, entre lesquelles le poil de la tête se redresse
» encore davantage, et forme une espèce de tou-
» pet pointu noir, d'où descend au milieu du front
» une raie de même couleur, qui vient se perdre
» dans le nez.

« Les oreilles sont grandes, et ont en dehors trois
» cavités ou fossettes, qui se dirigent de haut en
» bas. Au sommet, du côté intérieur, elles sont gar-
» nies d'un poil ras et blanchâtre ; du reste, nues
» et noirâtres. Les yeux sont assez grands et d'un
» brun foncé ; le poil des paupières est noir, serré
» et long aux paupières supérieures. Au-dessus des
» yeux se voyent encore quelques poils longuets,
» mais clair-semés et plus dispersés.

« Des deux côtés, entre les yeux et le nez, il
» montre cette propriété remarquable et singu-
» lière, qui fait d'abord reconnaître cet animal.
» Cette partie moins élevée, unie et noire dans
» son milieu, paraît une cavité ou fossette, qui
» est comme calleuse et comme toujours humide ;
» il en découle, mais en petite quantité, une hu-
» meur visqueuse, gluante et gommeuse, qui, avec
» le temps, se durcit et devient noire ; l'animal
» semble se débarrasser, de temps à autre, de cette
» matière excrémentielle, car on la trouve durcie

» et noire aux bâtons de sa loge; comme si elle y
» avait été essuyée. Quant à l'odeur, dont parle
» Grimme et ses copistes, je n'ai pu la découvrir.

« Le cou, qui est médiocrement long, est cou-
» vert au bas d'un poil assez roide et gris jaunâtre,
» tel que celui de la tête, mais blanc au gosier et
» à la partie supérieure du cou en dessous.

« Le poil du corps est noir et roide, quoique
» doux au toucher. Celui des parties antérieures
» est d'un beau gris clair; plus en arrière, d'un
» brun très-clair; vers le ventre, gris, et plus bas,
» tout-à-fait blanc.

« Les jambes sont très-minces, noirâtres au bas
» près des sabots; les pieds antérieures sont par-
» devant, jusqu'auprès des genoux, ornés d'une
» raie noire; ils n'ont point d'ergots ou d'éperons
» ongulés, mais à leur place on voit une légère
» excroissance. Ces pieds sont fourchus, et pour-
» vus de beaux sabots noirs, pointus et lisses.

« La queue est fort courte, blanche, et au-des-
» sus marquée d'une bande noire. »

LE GNOU.

Le gnou, ou antilope à tête de bœuf, est un animal très-singulier et très-extraordinaire, réunis-

sant en lui la beauté de la taille, la crinière et la queue du cheval, avec la tête et les cornes du bœuf, et l'œil enchanteur de l'antilope. Voici la description qu'en donne M. de Buffon :

« Cet animal est à peu près de la grosseur d'un âne; sa hauteur est de trois pieds et demi; tout son corps, à l'exception des endroits que j'indiquerai dans la suite, est couvert d'un poil court comme celui du cerf, de couleur fauve, mais dont la pointe est blanchâtre, ce qui lui donne une légère teinte de gris blanc; sa tête est grosse et ressemble fort à celle du bœuf, tout le devant est garni de longs poils noirs, qui s'étendent jusqu'au-dessous des yeux, et qui contrastent singulièrement avec des poils de la même longueur, mais fort blanc, qui lui forment une barbe à la lèvre inférieure; ses yeux sont noirs et bien fendus; les paupières sont garnies de cils formés par de longs poils blancs parallèles à la peau, et qui font une espèce d'étoile au milieu de laquelle est l'œil. Au-dessus sont placés, en guise de sourcils, d'autres poils de la même couleur et très-longs. Au haut du front sont deux cornes noires qui ont près de dix sept pouces de circonférence, se touchent, et sont appliquées au front dans une étendue de six pouces; ensuite elles se courbent vers le haut, et se terminent en une pointe perpendiculaire.

Entre les cornes prend naissance une crinière qui s'étend tout le long de la partie supérieure du cou jusqu'au dos ; elle est formée de poils roides tous exactement de la même longueur, qui est de trois pouces ; la partie inférieure en est blanchâtre à peu près jusqu'aux deux tiers de leur hauteur, et l'autre tiers en est noir ; la queue est composée, comme celle du cheval, de longs crins blancs ; sous le poitrail il y a une suite de longs poils noirs, qui s'étend depuis les jambes antérieures, le long du cou et de la partie inférieure de la tête jusqu'à la barbe blanche de la lèvre de dessous ; les jambes sont semblables et d'une finesse égale à celles du cerf ou plutôt de la biche ; le pied est fourchu comme celui de ce dernier animal ; les sabots en sont noirs, unis, et surmontés en arrière d'un seul ergot placé assez haut.

« Les cornes de la femelle sont comme celles du mâle, si ce n'est lorsqu'elles sont jeunes, car alors elles sont parfaitement droites. M. Pennant assure que cet animal, dans l'état sauvage, est excessivement féroce et dangereux pour les voyageurs. »

Les gnous se trouvent dans les parties méridionales de l'Afrique, où on les voit paître en nombreux troupeaux ; les naturels du pays les prennent pour la peau et pour la chair, qui, dit-on, a le fumet du gibier le plus délicat. Les

Hottentots, pour s'emparer des gnous, se servent de différens moyens qu'ils emploient avec beaucoup de dextérité; quelquefois ils creusent des fosses profondes dans les endroits qu'ils savent être fréquentés la nuit par ces quadrupèdes, et suspendent au-dessus une espèce de parquet formé de pièces de charpente qui, aussitôt que l'animal est tombé, ferment complètement la fosse; sans cette précaution, le gnou, à raison de son agilité, s'échapperait facilement. Le lendemain, les chasseurs entourent l'endroit où il est enfermé, ouvrent un peu de côté cette espèce de couvercle, et percent l'animal avec leurs piques et leurs flèches.

Dans le jour, il leur est impossible d'attaquer un troupeau de gnous, et ils sont en conséquence obligés d'allumer des feux et de pousser de grands cris pour en détacher un de la bande; avant de recourir à ce moyen, ils ont soin de fixer de grosses cordes avec des nœuds coulans, dans tous les endroits où ils trouvent deux arbres assez près l'un de l'autre pour pouvoir y tendre un lacs. C'est par ces embuches que les chasseurs cherchent à faire passer ceux de ces quadrupèdes qu'ils ont détournés du troupeau, et qui, dans la rapidité de leur fuite, se laissent prendre au piége, et se trouvent aussitôt étranglés.

LE TZEIRAN ou ANTILOPE BLEU.

La peau de ces quadrupèdes, d'après Sparrmann, ressemble à du beau velours bleu; mais quand l'animal est mort, ce bleu se change en un gris bleuâtre. Il a la poitrine et le ventre blancs, et il est marqué, au-dessous de chaque œil, d'une large tache blanche. Sa queue, d'environ sept pouces de longueur, est couverte de longs poils; ses cornes affectent une très-belle courbure, et elles sont ornées de vingt-quatre anneaux. Le reste de ses cornes est lisse, et se termine en une pointe très-aiguë.

M. Le Vaillant, se trouvant à quelque distance du cap de Bonne-Espérance, à un endroit qui se nomme *Tiger-Hoec*, vit un troupeau d'antilopes bleus si considérable, qu'il lui sembla que la terre en était couverte. Un de ses Hottentots, qui était armé d'un fusil, courut dans ce moment à lui, et l'informa qu'il voyait un *blaaw-boc* ou tzeiran; s'asseyant aussitôt à terre, il pria son maître de ne pas faire de bruit, et lui promit qu'il le mettrait bientôt en possession de cet animal.

Il fit aussitôt un grand circuit, en se traînant sur ses genoux : son maître ne pouvait concevoir le but de ce stratagême. Un instant après, le tzeiran se leva sur ses pieds, et se mit à brouter l'herbe sans bouger de place : M. Le Vaillant le prit pour un cheval blanc, jusqu'au moment où il aperçut ses cornes. L'Hottentot continua toujours à se traîner sur le ventre, et s'approchant assez de cet animal pour l'atteindre, il tira sur lui et le tua. M. Le Vaillant courut aussitôt sur les lieux, et eut le plaisir de contempler une des plus belles et des plus curieuses espèces d'antilopes que produise l'Afrique.

De retour à la maison, il récompensa généreusement son Hottentot, et lui donna un de ses meilleurs couteaux avec lequel l'Africain dépouilla fort adroitement cet animal. Son maître en conserva la peau comme une acquisition très-importante.

CHAPITRE IX.

L'ARMADILLE ou LE TATOU.

Lᴀ nature semble s'être écartée du système d'uniformité qui la distingue, en couvrant ce singulier quadrupède d'une écaille ou plutôt d'un nombre d'écailles qui lui servent de cotte d'armes, au lieu de le revêtir de poils ; il semble, au premier aperçu, qu'elle ait réservé tous les prodiges de sa puissance pour ces pays lointains et peu peuplés qu'habitent les sauvages, et où le règne animal est très-diversifié. L'on dirait aussi que plus elle s'éloigne de l'inspection de l'homme, plus elle devient extraordinaire, mais la vérité est que partout où l'espèce humaine a obtenu le bienfait de la civilisation, et où elle a beaucoup multiplié, elle a promptement exterminé ces productions monstrueuses qui encombraient en quelque sorte la terre ; ces êtres difformes n'existent que dans les déserts, où ils ne rencontrent pas d'ennemis qui interrompent la propagation de leur race.

Le P. d'Abbeville dit qu'il y a six espèces de tatous ; mais la principale différence qui existe entre eux, consiste dans le nombre des bandes et des divisions de leur armure. Il en est qui n'en ont que trois, et d'autres six, huit et même douze. Le nombre des bandes naturelles ne dépend pas de l'âge de l'animal, car dans le même genre les jeunes et les adultes en ont la même quantité.

Dans toutes ces espèces, l'animal est protégé par une armure d'une consistance osseuse qui lui revêt la tête, le cou, le dos, les flancs, et même la queue jusqu'à son extrémité : l'écaille qui couvre la partie supérieure du corps diffère de celle de la tortue, en ce qu'elle est composée de différentes pièces couchées en bandes, qui, comme dans la queue de l'écrevisse de mer, glissent les unes sur les autres, et sont de même unies ensemble par une membrane élastique jaune. De cette manière, cette armure cède facilement à toutes les inflexions.

Les seules parties auxquelles cette cotte-maille ne s'étend pas, sont la tête, la gorge, la poitrine et le ventre, qui sont couverts d'une peau blanche délicate, à peu près semblable à celle d'une volaille dépouillée de plumes. Ces parties nues, lorsqu'on les regarde attentivement, paraissent avoir des rudimens d'écailles d'une pareille substance que celles qui tapissent la portion la plus élevée du corps. Les parties les plus tendres, lorsqu'elles sont exposées à l'air, semblent avoir une tendance naturelle à s'ossifier ou à se durcir ; mais cette ossification ne peut être complète que sur les parties qui restent exposées à l'influence de l'atmosphère , et qui sont moins sujettes à des frottemens.

Ces écailles sont de différentes couleurs dans différentes espèces de tatous ; mais la teinte la plus commune est un gris sale. Cette nuance est due à une circonstance particulière dans la conformation des écailles, en ce qu'elles sont couvertes d'une peau mince et transparente.

Le tatou n'a qu'une très-faible défense , et ne peut par conséquent opposer qu'une légère sésistance à un ennemi ; la fermeté de son armure , cependant est une égide suffisante contre de faibles adversaires, la nature lui ayant donné les mêmes armes qu'aux porcs-épics. Lorsqu'il est attaqué, il fourre aussitôt sa tête sous son test, et ne laisse rien voir que le bout de son nez. Si le danger va en croissant , il ramasse ses pieds sous son ventre , réunit les deux extrémités de son corps, et sa queue sert de lien pour consolider le tout ; alors il paraît comme une boule solide , aplatie à ses côtés , et il reste dans cet état comme un billot inanimé, que l'on peut rouler et secouer sans le faire ouvrir. On prétend même que, lorsque cet animal est attaqué près d'un précipice, il s'élance au fond sans se faire du mal. Son naturel est

parfaitement doux et innocent; et comme il n'est
nullement doué de la faculté de repousser un ennemi, il est exposé à toutes sortes de persécutions des
hommes et des animaux.

Les griffes des armadilles, qui sont très-fortes
et très-aiguës, les mettent à même de creuser des
terriers avec beaucoup de dextérité; et, comme
c'est là leur seule ressource à l'approche de l'ennemi, ils n'ont besoin que de quelques instans
pour parvenir à se creuser un asile, et la taupe
elle-même n'est pas plus prompte à le faire.

On les prend quelquefois par la queue, lorsqu'ils sont occupés à former un terrier; mais alors
leur résistance est si forte, et il est si difficile de
les retirer, que souvent ils sauvent leur vie en
laissant cette partie du corps entre les mains de
leurs ennemis. Pour éviter cet inconvénient, les
chasseurs ont recours au stratagême que voici. Ils
chatouillent sous la gorge, avec un petit bâton,
ces animaux, jusqu'à ce qu'ils aient quitté prise,
et alors ils se laissent prendre en vie sans se défendre.

Lorsque les sauvages rencontrent un tatou roulé
en boule, ils le mettent près d'un grand feu,
dont la chaleur l'oblige bientôt à se dérouler.
Quand cet animal s'est réfugié fort avant sous
terre, on emploie plusieurs moyens pour le for-

cer à en sortir, quelquefois en l'inondant d'un déluge d'eau, et quelquefois en enfumant son terrier; mais on le prend le plus souvent dans des piéges placés sur les bords des rivières, des lacs, et dans des terrains humides qu'il fréquente.

Les naturels de l'Amérique dressent aussi à la chasse des tatous, une petite espèce de chien, qui les surprend à l'improviste quand ils s'écartent à une petite distance de leurs trous.

On assure que la chair de l'espèce la plus petite des armadilles est très-délicate, et que c'est la raison pour laquelle cette espèce est persécutée et poursuivie avec une activité sans relâche. Les sauvages font avec l'écaille des tatous des boîtes, des corbeilles, des paniers, et beaucoup d'objets d'utilité et d'ornement. Leurs mouvemens les plus prompts sont une espèce de marche rapide; mais ils ne peuvent ni sauter, ni courir, ni grimper sur les arbres; de sorte que, s'ils sont rencontrés dans un terrain découvert, ils ont très-peu de chances pour s'échapper.

On assure que l'armadille ne redoute aucunement le serpent à sonnettes, et qu'ils vivent fréquemment dans le même terrier sur le pied d'une parfaite intimité.

L'armadille est originaire du Nouveau-Monde, et se trouve principalement dans les contrées les

plus chaudes de l'Amérique méridionale ; il paraît
cependant qu'elle peut subsister dans les régions
tempérées. M. de Buffon déclare avoir vu dans
le Languedoc un tatou apprivoisé, que l'on nourrissait dans la maison où il était, et qui se promenait partout sans faire le moindre mal.

Les espèces du tatou, dit Shaw, sont souvent
déterminées par le nombre de zones écailleuses
disposées sur leur corps. Les zones de l'armadille
à neuf bandes sont très-distinctes et très-bien dé-
finies, en ce qu'elles sont marquées transversalement d'écailles triangulaires. Elle a la tête plus
longue et le museau plus effilé que celles du reste
de l'espèce ; sa queue aussi a plus d'étendue ; ses
oreilles sont plus droites et plus grandes ; elle a
quatre doigts aux pieds de devant, et cinq à ceux
de derrière.

La règle ci-dessus est néanmoins sujette à beaucoup de variations. M. de Buffon a observé des
individus de cette espèce qui étaient semblables,
sous tous les rapports, à celle à neuf bandes ; il
croit en conséquence que le nombre des bandes
dans cette espèce ne constitue pas une différence
spécifique, mais seulement une différence sexuelle.
Le test à huit bandes paraît être celui du mâle,
et le test à neuf bandes celui de la femelle.

L'armadille à trois bandes passe pour la plus

élégante ; elle est d'un très-beau blanc de lait ;
et les formes de ses écailles sont très-bien dessinées ; les divisions en sont relevées en bosse d'une
manière curieuse, et les trois zones du corps sont
singulièrement distinctes : elle a les pieds et les
griffes plus délicatement formés que ceux des autres variétés.

L'espèce généralement connue sous le nom de
l'armadille à douze bandes en a quelquefois treize
ou quatorze, la tête est large, épaisse, et marquée
en dessous de divisions larges et anguleuses; elle
a les oreilles larges et droites; chaque pied est
muni de cinq forts ongles, et la queue est défendue
par des tubercules calleux régulièrement distribués.

Voici la description d'un tatou à tête de belette,
ou d'une armadille à dix-huit bandes, telle qu'elle
a été donnée, dans le siècle dernier, d'après un
individu conservé dans le Muséum de la Société
royale.

La forme de sa tête était à peu près celle d'une
belette, dont elle avait tiré son nom; elle avait trois
pouces et demi de long, et deux et demi de large;
le front très-plat; la longueur de ses yeux portait
près d'un quart de pouce, celle de ses oreilles un
pouce, et elles étaient éloignées l'une de l'autre
d'un pouce; son corps avait onze pouces de long
et six de large; sa queue, dont la longueur était

de cinq pouces et demi, avait à sa base un pouce
un quart de diamètre; et environ un sixième de
pouce à son extrémité; ses jambes de devant
étaient longues de deux pouces et demi, et de la
largeur de trois quarts de pouce; ses pieds de
derrière, qui étaient un peu plus forts que les
pieds de devant, étaient pourvus de cinq doigts;
la tête, le dos, les côtés, les jambes et la queue
étaient revêtus d'une armure écailleuse; les écailles
qui couvraient les jambes figuraient plusieurs
plaques rondes de la largeur d'un quart de pouce:
le gorgerin était formé d'une plaque composée
de petites pièces d'un quart de pouce carré; le
bouclier qui couvrait les épaules consistait en
plusieurs rangées ou bandes de pareilles pièces
carrées, mais qui ne se réunissaient ensemble par
aucune articulation ou jointure mobile; le bouclier de derrière s'étendait depuis la croupe jusqu'à la queue, et se composait de plaques mobiles
et jointes par autant de peaux intermédiaires. Les
premières de ces plaques consistaient en des pièces
carrées d'un demi-pouce de long; celles qui les
suivaient étaient des pièces rondes, carrées, mêlées ensemble, et d'un quart de pouce de large.
La partie la plus élevée de la queue était entourée
de six anneaux composés de petites pièces carrées;
l'autre partie était couverte d'écailles. La portion

du bouclier qui approchait de la queue était parabolique. Cette tortue avait le ventre, la poitrine et les oreilles parfaitement nus.

Les espèces les plus fortes de ces animaux ont l'écaille plus épaisse et plus solide que les petites; leur chair est ordinairement plus dure, et souvent il est impossible de la manger.

Les plus petites espèces fréquentent le voisinage des lacs, des rivières et des ruisseaux, où elles vivent de racines, d'herbes et de melons d'eau; mais les plus fortes espèces cherchent les terrains élevés, et se trouvent ordinairement sur les côtés des rochers et des montagnes.

Celles qui ont le moins de zones sont les moins capables de se défendre, et lorsqu'elles sont roulées elles présentent entre leurs bandes des interstrices vulnérables à travers lesquels elles sont susceptibles d'être blessées par l'instrument le plus grossier.

LE PANGOLIN.

S'il ne fallait juger de la nature que d'après les définitions connues, dit un célèbre écrivain, nous ne pourrions jamais nous déterminer à croire qu'il existe une espèce de quadrupèdes vivans, dé-

pourvus de poil et couverts d'écailles et de coquilles qui les remplacent. Cependant la nature,
toujours variée dans ses productions, nous fournit différens exemples de ces êtres extraordinaires;
l'Ancien-Monde a ses quadrupèdes revêtus d'é-
cailles, et le Nouveau a les siens munis de coquilles. Ces deux espèces d'animaux se ressemblent par la bizarrerie de leurs appétits, et par la
singularité de leur conformation. Semblables à
des êtres qui ne sont qu'ébauchés, et qui parti-
cipent de différens genres, ils sont privés de cet
instinct que possèdent les animaux exclusivement
formés pour un seul élément; ce sont des espèces d'étrangers dans la nature, des êtres enlevés
à quelque autre élément que celui où ils se trouvent, et qui ont été jetés sur la terre pour en obtenir une subsistance précaire et douteuse. Quelques naturalistes ont confondu le pangolin avec le
lézard écailleux, animal auquel il ne ressemble que
par la configuration prise en masse, et par les écailles dont il est revêtu.

Voici la distinction que l'on peut faire de ces
deux animaux : le dernier est un reptile sorti d'un
œuf et *entièrement* couvert d'écailles, tandis que
le premier est dépourvu de cette armure sur le
cou, sur la poitrine et sur le ventre; les écailles
du lézard adhèrent plus fortement à son corps que

celles des poissons : mais les écailles du pangolin n'y sont infixées que par l'une de leurs extrémités : elles se relèvent ou se rabaissent à la volonté de l'animal , comme les dards ou piquans du porc-épic : le pangolin aussi , au lieu d'être un animal sans défenses comme le lézard , se roule en boule à l'instar du hérisson ; et présentant les pointes de ses écailles, il porte la terreur chez ses plus grands ennemis.

La grandeur de cet animal est de six à huit pieds, y compris la longueur de la queue ; il a la tête petite, le nez très-long et très-effilé, le cou court, épais et fort, ses jambes sont trapues, et ses pieds munis de cinq doigts, armés chacun d'une longue griffe blanche ; sa mâchoire est dépourvue de dents, et il a la gueule, ainsi que la langue, très-longue et très-étroite ; une forte armure écailleuse défend toutes les parties supérieures de son corps, mais les parties inférieures de la tête et du cou, la poitrine, le ventre et les côtés rentrans des cuisses et des jambes sont couverts d'une peau douce et délicate, entièrement dépourvue d'écailles et de poil.

Les écailles de ce quadrupède extraordinaire affectent différentes formes et différentes dimensions ; elles sont imbriquées sur le dos comme des feuilles d'artichaut, et l'on aperçoit entre leurs interstices une quantité considérable de poils qui ressemblent à des soies de cochon ; ils sont de couleur fauve à la racine et bruns à leur extrémité.

Les naturalistes ne comptaient autrefois que deux espèces de pangolins ; savoir, les manis à longue et les manis à courte queue ; mais il en a été découvert tout récemment un nouveau sous le nom de manis à large queue, et auquel on a donné dans le 60e. volume des Transactions philosophiques, la dénomination de *nouveau* manis.

Les Indiens distinguent le manis à longue queue par le nom de *phatagin* ; la forme de cet animal est beaucoup plus grêle que celle du reste de l'espèce, son museau est très-effilé ; sa queue a deux fois la longueur de son corps, et va en diminuant par degrés jusqu'à son extrémité, comme celle du lézard ; il a les jambes très-courtes, et les pieds munis de quatre doigts armées de griffes : ces griffes, néanmoins, sont beaucoup plus fortes et plus aiguës aux pieds de devant qu'à ceux de derrière ; la couleur générale de ce quadrupède est un brun foncé qui, à raison de la surface très polie des écailles, réfléchit une teinte jaunâtre : la longueur entière de cet animal est souvent de cinq pieds et plus.

Le manis à courte queue se trouve dans différentes contrées de l'Inde, et les naturels de ce pays lui

donnent le nom de pangoellin; mais sa dénomination la plus commune dans les environs du Bengale
est celle de *vajracite*, ou de serpent-tonnerre, à
raison de ce que ses écailles sont si dures qu'elles font
feu sous le briquet.

Les naturels du Malabar le nomment *alungu*, et
ceux du Bahar, *bajar-cit* ou serpent à cailloux, à raison de la propriété qu'il a d'avaler des pierres. On a
trouvé, dit-on, dans son estomac, des pierres en
quantité suffisante pour en remplir une tasse à café;
suivant toutes les apparences, il les avait avalées
pour faciliter sa digestion.

Des voyageurs assurent que cet animal se trouve
dans différentes parties de la Guinée où les Nègres
l'appelent quogelo; il fréquente les bois et les endroits marécageux, où comme les fourmiliers, il
cherche des fourmis; lorsqu'il en trouve, il étend
sa langue sur le lieu du passage de ces insectes,
et, quand il sent qu'elle en est bien chargée, il la
retire et en dévore des myriades à la fois; sa marche est très-lente, et il pourvoit en général à sa
sûreté en se roulant en boule; les plus féroces des
animaux n'osent plus alors l'attaquer, de peur
d'être écorché par les pointes et les tranchans
de ses écailles. L'on prétend qu'il s'entortille autour de la trompe de l'éléphant, de manière que
ce quadrupède colossal à beaucoup de peine à s'en

délivrer : cet animal a quelquefois six, sept et huit
pieds de longueur. Quelques auteurs sont disposés
à croire que le manis à large queue n'est qu'une
variété de l'espèce, provenue des différences d'âge
entre les sexes qui l'ont procréée.

Un de ces animaux a été trouvé roulé sur lui-
même dans la cavité du mur d'une maison à Tran-
quebar, d'où on eut autant de peine à le retirer
qu'à le tuer : ses écailles étaient de la grosseur des
coquilles de moules et terminées en pointe; la
queue s'élevait, dans la partie la plus large, à
deux tiers d'aune ou à peu près.

La forme et la largeur de cette queue varie dans
différens individus; il en est qui l'ont très-large et
très-ondée, d'autres moins pointue à son extrémité;
d'autres enfin l'ont régulièrement marquée et comme
usée et dégradée par le temps.

Ces animaux, quoique formidables en apparence, sont, d'après Goldsmith, les plus innocens
de tous les êtres; leur conformation même, à raison
de ce qu'ils n'ont pas de dents, les empêche de
faire du mal aux autres animaux; il semble que
la substance osseuse qui, dans les autres bêtes,
fournit la matière des dents, se soit épuisée dans
ce quadrupède à former les écailles qui lui couvrent le corps. Quoi qu'il en soit, le genre de vie
de cet animal correspond à sa structure : incapable

d'être carnivore, et de subsister de végétaux qui exigent une parfaite trituration, il vit d'insectes, nourriture pour laquelle la nature semble l'avoir exclusivement formé.

Le nez du pangolin est très-long ; ce qui doit faire supposer que la langue est aussi d'une longueur considérable ; elle est effectivement repliée dans sa gueule d'une telle manière, que lorsqu'il l'étend, elle se prolonge d'un quart de verge au-delà du museau ; elle est ronde, extrêmement rouge et couverte d'une liqueur onctueuse qui lui donne une teinte très - luisante ; lorsque l'animal l'étend sur une fourmilière, il s'y attache un très-grand nombre de fourmis, jusqu'à ce que, devenues plus défiantes, elles refusent de se laisser tenter par un appât qui cause leur destruction : c'est donc seulement contre ces insectes nuisibles qu'il emploie ses ruses et ses finesses, et si les Indiens connaissaient bien l'utilité d'un quadrupède qui détruit un des plus grands fléaux de leurs pays, ils ne seraient pas aussi empressés de le tuer ; mais l'on a remarqué avec beaucoup de justesse que les sauvages ne se montrent soigneux que de se procurer la jouissance du moment, sans songer à un avantage éloigné.

LE FOURMILIER.

Il existe, dans l'Amérique méridionale, trois espèces différentes de ce genre d'animaux que M. de Buffon a distingués sous les noms de tamanoir, tamandua et fourmilier.

Les caractères distinctifs du tamanoir sont un long museau, une petite bouche sans dents et une langue cylindrique fort longue, que l'animal tient repliée dans sa bouche et qu'il introduit dans le nid des fourmis et dans les ruches de poux de bois, qui constituent sa principale nourriture.

La première espèce de ces quadrupèdes a environ quatre pieds de long, depuis le museau jusqu'à l'insertion de la queue ; la tête a de quatorze à dix-sept pouces de long, et le museau est tellement hors de proportion avec le reste du corps, que sa longueur forme près d'un quart de toute l'étendue de l'animal.

De loin le tamanoir ressemble à un gros renard, et c'est pour cette raison que quelques voyageurs l'ont appelé le renard d'Amérique.

« Le tamanoir, dit M. de La Borde, se sert de
» ses grandes griffes pour déchirer les ruches de poux
» de bois qui se trouvent partout sur les arbres, sur
» lesquels il grimpe facilement ; il faut prendre
» garde d'approcher cet animal de trop près, car ses

» griffes font des blessures profondes ; il se défend
» même avec avantage contre les animaux les plus
» féroces de ce continent, tels que les jaguars,
» couguars, etc., et il les déchire avec ses griffes,
» dont les muscles et les tendons sont d'une grande
» force ; il tue beaucoup de chiens, et c'est par
» cette raison qu'ils refusent de le chasser. »

Les jambes de ce quadrupède ont près d'un pied de long ; celles de devant sont plus grêles, plus hautes que celles de derrière, et armées de quatre fortes griffes, dont celle du milieu est beaucoup plus longue que les autres ; les pieds de derrière en ont cinq ; son corps et sa tête sont couverts de poils blancs et noirs, et sa queue est longue, touffue et aplatie à son extrémité : en la jetant sur son dos, il s'en sert pour se préserver du soleil et de la pluie : lorsque cet animal est parfaitement tranquille, il la laisse traîner en marchant, et elle balaie les chemins ; mais, quand il est en colère, il l'agite vivement des deux côtés.

Le tamanoir a une très-mauvaise marche ; son pas est si lent qu'un homme peut facilement l'atteindre ; ses pieds néanmoins sont faits de manière qu'il peut grimper avec beaucoup de vitesse ; il empoigne les branches d'arbres et autres corps cylindriques avec tant de violence, qu'il est impossible de les lui faire lâcher.

Le second de ces animaux, appelé par les naturels du pays tamandua. est beaucoup plus petit que le premier; sa longueur, depuis le museau jusqu'à l'insertion de la queue, n'est que de dix-huit pouces; sa tête a environ cinq pouces de long; ses oreilles sont droites, et leur longueur est d'un pouce; la queue a dix pouces de long, et est nue à son extrémité : sa langue, qui est cylindrique, a huit pouces de longueur, et est logée dans une espèce de canal creux, situé dans la partie inférieure de la mâchoire : les pieds et les griffes sont de la même structure que ceux du tamanoir, et cet animal gravit, marche et agit absolument de la même manière que lui, sa queue néanmoins ne peut pas le mettre à couvert, et il dort en tenant sa tête sous ses jambes de devant.

Le troisième animal de cette espèce, que les Français appellent fourmilier ou mangeur de fourmis, a environ sept pouces depuis le museau jusqu'à la queue; sa tête a un peu plus de deux pouces de longueur, mais elle est très-épaisse; ses yeux sont situés à une petite distance des coins de la bouche; il a les oreilles petites et presque cachées sous son pelage, qui est moëlleux, luisant et bigarré de roux et de jaune d'une manière fort curieuse; les jambes ont environ trois pouces de hauteur, et ses pieds de derrière sont armés de quatre griffes, tandis que ceux de devant n'en ont que deux. Ce quadrupède grimpe sur les arbres avec beaucoup de dextérité, et se plaît à se suspendre à leurs branches par sa queue; il se cache aussi fort souvent sous les racines des buissons et des arbres, ainsi que sous des tas de feuilles tombées.

La manière dont s'y prend le fourmilier pour se procurer sa proie est très-singulière : lorsqu'il s'approche des fourmilières, dont le nouveau continent abonde, il avance avec lenteur en se traînant sur le ventre, et en prenant toutes les précautions pour n'être pas aperçu, jusqu'à ce qu'il soit arrivé à une distance convenable; il se couche alors par terre, étend sa langue sur le passage des fourmis, et l'y laisse sans mouvement pendant quelques minutes : ces insectes, dont quelques-uns ont un demi-pouce de long, la prenant pour un ver, ou pour un morceau de chair, s'attroupent autour de cette amorce, et dès qu'ils s'y attachent, ils se trouvent empêtrés dans une espèce de salive visqueuse dont elle est imprégnée : quand l'animal s'aperçoit que sa langue en est assez couverte, il la retire, et les dévore au même instant : il continue cette expérience jusqu'à ce que sa faim soit assouvie; après quoi il se retire dans sa cachette, et de cette manière une heure d'industrie lui procure une subsistance qui suffit à plusieurs jours.

Les fourmilières de l'Amérique sont quelquefois hautes de cinq à six pieds, et si peuplées, qu'elles fournissent à cet animal une nourriture abondante pendant un espace considérable de temps.

Les trois espèces de fourmiliers dont nous venons de parler, qui diffèrent sensiblement entre eux, par la taille et par les proportions, se ressemblent beaucoup par leur conformation générale et par leur instinct naturel ; ils se nourrissent tous de fourmis dans leur état sauvage, et se repaissent quelquefois de miel qu'ils trouvent dans des creux d'arbres. Il paraît qu'ils peuvent exister fort long-temps sans manger ; lorsqu'ils sont pris jeunes, ils sont faciles à apprivoiser ; ils mangent alors dans la main de petits morceaux de viande et de la mie de pain, sans marquer la moindre crainte et la moindre défiance ; quand ils boivent, ils n'avalent qu'une partie du liquide, et rejettent le reste par les narines ; ils dorment ordinairement de jour, et rôdent la nuit : les Indiens se nourrissent fréquemment de leur chair ; mais elle est grossière et sans saveur.

Ces animaux ne se trouvent que dans les parties les plus désertes et les moins cultivées du

Nouveau-Monde, et comme le fait observer Goldsmith : « Si nous considérons les diverses régions
» de la terre, nous trouverons que les quadrupèdes
» les plus actifs et les plus utiles se sont réunis
» autour de l'homme, qu'ils ont servi à ses plai-
» sirs ou conservé leur indépendance, par la fi-
» nesse de leur instinct, par leur vigilance et par
» leur industrie : c'est dans les solitudes du désert
» qu'il faut chercher ces productions informes de
» ces êtres monstrueux et sans défense, créés par
» la nature : ils vont en conséquence chercher
» leur sûreté dans l'épaisseur des forêts ou sur les
» montagnes les plus désertes, que les animaux,
» doués d'une grande vitesse et d'un grand cou-
» rage, dédaignent d'habiter. »

LE FURET.

CET animal ne nous est connu que dans l'état
domestique ; mais il paraît, d'après les meilleures
autorités, qu'il est originaire d'Afrique, d'où il a
été importé en Espagne ; on l'y a employé, à raison de son inimitié pour les lapins, à délivrer le
pays de la multitude innombrable de ces animaux
dont il était infesté.

Le furet, dans l'état domestique, n'est pas susceptible d'attachement; il est facile à irriter, et il se jette fréquemment sur la main qui le nourrit.

La femelle de ce petit quadrupède est si vorace et si avide de sang, qu'elle dévore souvent sa progéniture entière, qui se compose de sept à huit petits, et il y a eu des exemples de furets qui ont fait mourir des enfans dans leur berceau.

La race du furet étant sujette à dégénérer dans ce pays, on la croise avec celle du putois, et l'on se procure, par ce mélange, une espèce très-courageuse, très-hardie et très-féroce, qui participe beaucoup de la nature du mâle, et qui est d'une couleur plus foncée que celle de la femelle (1). La nature paraît avoir formé cet animal pour en faire un ennemi juré du lapin : si l'on expose un de ces quadrupèdes mort devant un jeune furet, il le saisit avec une extrême avidité, et ce n'est qu'avec beaucoup d'effort qu'on parvient à lui faire quitter prise : si on lui présente un lapin en vie, il s'élance sur lui avec une précipitation étonnante, lui enfonce ses dents dans le cou, enlace son corps autour du sien, et reste dans cette position tant qu'il peut en obtenir une goutte de sang.

_____

(1) Cette observation contredit ouvertement ce qu'avance M. de Buffon, que le furet et le putois ne se mêlent pas ensemble.

Comme le furet est originaire des pays situés sous la zone torride, il n'est pas en état de supporter les rigueurs des grands froids : dans l'état domestique, il demande beaucoup de soins et de ménagemens ; c'est pour cette raison qu'on lui procure ordinairement une niche garnie de laine avec laquelle il se fait un lit très-chaud, où il dort la plus grande partie du jour : mais il est d'un naturel si vorace, qu'au moment même où il s'éveille, il manifeste un appétit dévorant.

Lorsqu'on lâche cet animal dans des terriers, on le muselle, afin qu'il ne tue pas les lapins, et qu'il les oblige seulement à sortir et à se jeter dans les filets qui sont tendus à l'ouverture de ce terrier ; il arrive quelquefois que le furet se dégage de sa muselière, tandis qu'il est dans le terrier ; alors on court risque de le perdre ; parce qu'après avoir sucé le sang du lapin, il s'endort, et il est impossible de le réveiller et de le recouvrer. La méthode ordinairement employée pour faire revenir le furet est d'enfumer le terrier : si ce moyen ne réussit pas, il y reste et se nourrit des lapins qu'il peut trouver ; mais il y périt l'hiver.

Ce petit quadrupède est très-utile dans les moulins, les granges et les greniers, en ce qu'il est très-actif à poursuivre les rats et les souris, qui s'enfuient dès qu'ils sentent l'odeur que son corps exhale. Un très-jeune furet a l'audace d'attaquer un rat très-fort qui, quelquefois, le traîne de côté et d'autre pendant un temps considérable avant de succomber. On a souvent essayé de vouloir garder ces animaux à bord d'un vaisseau, pour détruire les rats, qui sont si préjudiciables aux navires eux-mêmes et à leur cargaison; mais ce genre de vie leur convient si peu, qu'il est très-rare de les y conserver un certain espace de temps.

« Quelques auteurs, dit M. de Buffon, ont douté » si le furet et le putois étaient des animaux d'es- » pèces différentes; ce doute est peut-être fondé » sur ce qu'il y a des furets qui ressemblent aux » putois par la couleur du poil. Cependant le pu- » tois, naturel aux pays tempérés, est un animal » sauvage comme la fouine; et le furet, originaire » des climats chauds, ne peut subsister en France, » que comme animal domestique. »

On peut rapporter à cette espèce, le vansire ou la belette de Madagascar, qui ne diffère du furet que par le nombre de ses dents molaires et la lon- gueur de sa queue. M. de Buffon parle encore d'un animal de cette espèce sous le nom de nems, qui ressemble parfaitement en tout au furet, si ce n'est par la couleur. Ce nems est originaire de l'Arabie.

13.

La tête et le dos de cet animal sont d'un brun foncé, légèrement mêlé de blanc: la poitrine et le ventre d'un fauve très-vif, ainsi que la partie de la tête qui entoure les yeux ; une teinte de brun domine plus ou moins sur le nez, les joues et les autres parties de la face, où le poil est plus court et plus lisse que sur le corps ; cette couleur se termine, en se dégradant, au-dessus des yeux ; les jambes sont d'un fauve foncé, et couvertes d'un poil court, épais et fourré ; il a quatre doigts à chaque pied et un éperon par-derrière ; sa queue a près de deux fois la longueur du furet ordinaire ; elle est couverte d'un long poil épais comme celui qui couvre le corps, et elle se termine par une pointe aiguë.

Ce petit animal est très-caressé par les Arabes, à raison de l'activité avec laquelle il détruit les serpens, les rats et les insectes.

LE PUTOIS.

La forme générale du putois a tant de ressemblance avec celle du furet, qu'elle a déterminé plusieurs personnes à croire qu'ils ne formaient que le même animal ; mais lorsqu'on les examine tous deux avec attention, on aperçoit entre eux des différences remarquables.

Le putois est plus fort que le furet ; son nez est plus obtus, et son corps n'est pas aussi fluet ; il diffère encore de cet animal par sa conformation interne, en ce qu'il n'a que quatorze côtes, tandis que le furet en a quinze ; il manque aussi d'un des os du sternum qui se trouve dans le furet.

Le putois est en général d'une couleur de chocolat foncé, tirant sur le noir à la gorge, aux pieds et à la queue ; ses oreilles sont courtes et tachetées de blanc ; il est aussi marqué de blanc vers le nez ; une raie jaune et blanche lui prend un peu au-delà des côtés de la bouche et tourne derrière sa tête ; ses ongles sont blancs en dessous et bruns en dessus ; sa queue a environ deux pouces et demi de longueur.

Les lapins semblent être la proie favorite de ces animaux, et un seul putois suffit souvent pour détruire une garenne entière, attendu que sa soif insatiable de sang le force à en tuer un nombre beaucoup plus considérable qu'il ne peut en dévorer. Goldsmith assure avoir vu cent lapins qu'un putois avait tués de suite, et cela en leur faisant une blessure qui était à peine visible.

« Cet animal, dit M. de Buffon, se glisse dans
» les basses-cours, monte aux volières, aux colom-
» biers, où, sans faire autant de bruit que la fouine,
» il fait plus de dégât ; il coupe ou écrase la tête

» à toutes les volailles; et ensuite il les transporte
» une à une et en fait un magasin : si, comme il
» arrive souvent, il ne peut les emporter entières,
» parce que le trou par où il est entré se trouve
» trop étroit pour que le corps d'un pigeon y passe,
» il se contente d'en emporter les têtes : il est aussi
» fort avide de miel; il attaque les ruches en hiver,
» et force les abeilles à les abandonner. »

Dans l'hiver, lorsque les putois ont de la peine à trouver de la nourriture dans les bois, ils établissent leur résidence dans le voisinage des maisons; on les a vus creuser leurs terriers près des villages, et résister à tous les efforts qu'on avait faits pour les extirper. L'été néanmoins ils demeurent dans les bois ou dans de fortes bruyères, où ils creusent des terriers de cinq à six pieds de profondeur.

La femelle donne six petits à la fois, auxquels elle fait bientôt contracter des habitudes de rapine et de cruauté, en les abreuvant, dès l'âge le plus tendre, du sang des animaux qu'il lui arrive de surprendre dans ses excursions.

Le putois paraît être originaire des climats tempérés; on le trouve rarement au nord et dans les pays chauds; sa fourrure, quoique moelleuse et chaude, est peu estimée à raison de son odeur désagréable.

LE COAS.

Cet animal est à peu près de la grosseur du putois ; il a le poil long et d'un brun foncé, et si on le considère par rapport aux formes, à l'odeur et au naturel, on doit le placer dans l'espèce des belettes, quoiqu'il diffère de toutes les variétés de ces animaux, en ce qu'au lieu d'avoir comme eux cinq doigts aux pieds de devant, il n'en a que quatre. Il est originaire du Mexique, et on le trouve principalement dans les cavernes, et sous des excavations de rochers où la femelle met bas ses petits : sa nourriture se compose, en général, d'escarbots, de vers et de petits oiseaux ; il fait aussi une grande destruction de volailles dont il ne mange que la cervelle.

Le coas, lorsqu'il est alarmé ou irrité, exhale l'odeur la plus détestable qui existe ; cette odeur est son principal moyen de défense ; quand on le poursuit, il fait tout ce qu'il peut pour échapper ; mais s'il se trouve serré de trop près, il décharge son urine sur les chasseurs ; elle est d'une nature si violente, qu'elle cause la cécité de tous ceux qui la reçoivent dans les yeux ; et si elle tombe sur les habits, il est de toute impossibilité qu'ils puissent être portés de nouveau ; les chiens eux-mêmes perdent de leur ardeur, lorsque cette étrange batterie est dirigée contre eux ; ils tournent le dos à l'animal, le laissent maître du terrain, et il n'est pas d'excitations qui puissent les ramener à la charge.

« En 1749, dit le professeur Kalm, il vint un
» de ces animaux près de la ferme où je logeais ;
» c'était en hiver et pendant la nuit, les chiens
» étaient éveillés et le poursuivirent ; dans le mo-
» ment, il se répandit une odeur si fétide, qu'étant
» dans mon lit, je pensai être suffoqué ; les vaches
» beuglaient de toutes leurs forces.... Sur la fin de
» la même année, il s'en glissa un autre dans notre
» cave, mais il ne répandit pas la plus légère odeur,
» parce qu'il ne la répand que quand il est chassé
» ou pressé. Une femme qui l'aperçut la nuit, à
» ses yeux étincelans, le tua, et dans le moment il
» remplit la cave d'une telle odeur, que, non-
» seulement la femme en fut malade pendant quel-
» ques jours, mais que le pain, la viande et les
» autres provisions que l'on conservait dans cette
» cave, furent tellement infectés, qu'on ne put
» rien en conserver, et qu'il fallut tout jeter de-
» hors. » (Voyage de Kalm, pages 442 et suivantes,
article traduit par M. le marquis de Montmirail.)

LE CONÉPATE.

Cet animal, que les naturels du Brésil distinguent par le nom de *chinche*, ressemble au putois par la taille et par les formes ; mais il en diffère essentiellement par la longueur et la couleur de son pelage : il a, sur un fond de poil noir, cinq bandes blanches, qui s'étendent longitudinalement ; son nez, long et effilé, dépasse considérablement la mâchoire inférieure ; il a les oreilles larges, courtes et arrondies ; sa queue est singulièrement épaisse et touffue.

Le conépate, comme le coas, exhale une odeur d'une fétidité insupportable. Il habite le Pérou, le Brésil et autres parties de l'Amérique du sud. On le trouve aussi dans l'Amérique septentrionale jusqu'au Canada.

LA GENETTE.

De même que le putois, le coas et le conépate peuvent être à juste titre rangés parmi les animaux qui exhalent une odeur désagréable, la genette peut être aussi regardée comme un de nos plus jolis quadrupèdes, comme un de ceux qui répandent le parfum le plus exquis.

Cet animal est un peu plus gros que la marte; il a le museau effilé, les oreilles larges et pointues; son poil est doux, mollet et luisant, marqué, sur un fond roux, de gris, de taches noires et distinctes, séparées sur les côtés, mais qui se réunissent de si près vers le dos, qu'elles paraissent former des bandes noires continues, prolongées depuis la nuque du cou jusque sur les reins.

Il a aussi sur le cou et sur le long de l'épine du dos, une espèce de crinière ou de poil long et noir, et sa queue est annelée alternativement de noir et de blanc dans toute sa longueur : le parfum qu'il exhale, et qui a une faible odeur de musc, provient d'un orifice placé au-dessous de sa queue.

La genette a beaucoup de ressemblance avec la marte; mais l'on prétend qu'elle s'apprivoise beaucoup plus facilement que ce dernier animal. Belon nous apprend qu'il a vu, dans des maisons, à Constantinople, des genettes aussi apprivoisées que des chats domestiques, et qu'on les laissait courir çà et là sans aucune crainte. C'est pour cette raison, dit Goldsmith, qu'on leur a donné le nom de *chat de Constantinople*, quoiqu'elles n'aient aucun rapport avec cet animal, si ce n'est qu'elles sont comme lui fort adroites à prendre les souris.

« Toutes les personnes qui ont été à Constantinople, et que j'ai vues, m'ont assuré que la genette était le plus propre et le plus industrieux animal de l'univers, et qu'il purge entièrement les maisons de souris, qui ne peuvent pas supporter son odeur; ajoutez à cela, qu'elle est d'un naturel doux, que son pelage est d'une couleur nuancée, et très-luisant; que sa fourrure est très-estimée; et que, tout bien considéré, elle paraît être un de ces quadrupèdes dont, avec des soins convenables, on pourrait propager l'espèce parmi nous, et qui deviendrait un des animaux domestiques les plus utiles. »

On prétend que la genette n'habite que les terrains humides ou le long des ruisseaux, et qu'on ne la trouve ni sur les montagnes ni dans les terres arides. L'espèce n'en est pas nombreuse : du moins elle paraît fort peu répandue : on trouve quelques genettes en Turquie, en Espagne, en Syrie, et dans les parties méridionales de la France. M. de Buffon fait observer qu'au printemps de l'année 1775, il lui fut envoyé par l'abbé Roubaut, une genette qui fut tuée à Livray en Poitou; il ajoute que M. Delpèche lui a écrit que toujours les paysans de la province de Rouergue apportaient des genettes mortes chez un marchand, surtout l'hiver; qu'elles habitaient aux environs de Ville-Franche, où elles faisaient des terriers comme les lapins.

LE LÉROT.

M. de Buffon ne compte que trois espèces de lérots, savoir : le loir, le loiret, et le muscardin : les modernes naturalistes cependant en ont compté jusqu'à sept espèces ; ce petit animal se nomme, dans différentes parties de l'Angleterre, *le dormeur ;* il fait ordinairement son lit dans les bois et les haies, sous les racines d'arbres creux et au fond des buissons. Son lit est formé d'herbe, de mousse et de feuilles tombées.

Ce célèbre écrivain paraît avoir commis une erreur en disant que les lérots ne sont pas originaires de la Grande-Bretagne, attendu que, quoiqu'ils n'y soient pas aussi nombreux que la plupart des autres petits quadrupèdes, ils sont connus de presque tous les villageois de ce pays.

Au commencement de l'hiver, ils se roulent en boule, la queue sur le nez, pour préserver du froid leurs formes délicates, et leur frêle constitution : mais la chaleur du soleil, ou la moindre transition subite du froid au chaud les tire de cette léthargie.

Les lérots font toujours, pour la saison des frimas, des provisions qui se composent de glands, de pois, de féves et de noix. Cette précaution les dispense de la nécessité d'aller au dehors, et

'd'exposer leur vie en cherchant de la nourriture
immédiatement après qu'ils sont sortis de leur
engourdissement.

Ils dorment environ cinq mois de l'année, et
dans cet intervalle de temps, il est fort rare
qu'on les rencontre; cependant les paysans en
trouvent quelquefois dans les bois de haute-fu-
taie et dans les taillis.

Les femelles de ces animaux mettent bas au
printemps; elles ne sont pas aussi prolifiques que
les souris ordinaires, et donnent rarement plus
de quatre petits par portée.

Le lérot ordinaire, selon M. Pennant, a deux
dents incisives à chaque mâchoire; des oreilles
nues; quatre doigts aux jambes de devant, et cinq
à celles de derrière; la queue a un peu plus de
deux pouces de longueur; elle est poilue à son
extrémité; son corps, son dos et ses côtés sont
d'un rouge brunâtre; mais sa gorge et son ventre
sont parfaitement blancs.

Cet animal est connu dans presque toutes les
parties de l'Europe; il se nourrit principalement
de noix et de glands, qu'il mange à la manière de
l'écureuil, en se tenant assis dans une posture
droite.

Il se roule en boule dans son nid au commencement de l'hiver, ainsi que nous l'avons déjà dit, et

y reste dans un état de torpeur, jusqu'à ce qu'il soit ranimé par la chaleur vivifiante du printemps; quelquefois, lorsque l'hiver est très-doux, si le soleil luit, il semble un peu renaître, mais il retombe bientôt dans son premier état léthargique.

Le lérot rayé se trouve dans les parties septentrionales de l'Asie et de l'Amérique; il creuse ordinairement des terriers comme le lapin; et son habitation souterraine a deux entrées. Au moyen de ce genre de construction, si l'une de ces deux ouvertures se trouve obstruée, il s'échappe par l'autre.

Sa retraite est très-ingénieusement construite; elle ressemble à une longue galerie avec des dégagemens des deux côtés, dont chacune se termine par une chambre qui sert de dépôt pour les provisions d'hiver. L'un de ces magasins renferme les glands, le second et le troisième, les noix, et le quatrième, les noisettes, qui paraissent faire leur mets favori.

L'hiver, ils ne bougent pas de place, et leurs affaires domestiques sont si bien ordonnées, qu'ils manquent rarement de provisions. Dans le temps de la moisson du maïs, ils rongent les épis de cette graine, et en remplissent tellement leur bouche que leurs joues paraissent extrêmement distendues et prêtes à crever. Ils annoncent une prédilection marquée pour certaines espèces de nourriture, de sorte que lorsqu'ils peuvent s'en procurer, ils abandonnent aussitôt celle qui est moins agréable, et en remplissent aussitôt leurs joues : ils aiment l'orge ainsi que le seigle, et préfèrent le froment à tous deux.

Quand ils sont poursuivis, et qu'il ne leur reste pas d'autre moyen de s'échapper, ils montent sur les arbres les plus élevés, et se mettent en sûreté au milieu de leur branchage.

Le loir, ou le lérot gris, est d'une couleur cendrée, et a la gorge ainsi que le ventre blancs; son corps est plus épais que celui de l'écureuil, et il a environ six pouces de longueur depuis le museau jusqu'au bas de l'échine; sa queue a environ quatre pouces et demi de long, et ses oreilles sont singulièrement minces et transparentes. Ce petit quadrupède est originaire des parties méridionales de l'Europe, et des contrées occidentales de la Russie : il établit ordinairement son séjour dans des troncs d'arbres creux, et vit principalement de fruits et de glands; sa chair était jadis fort estimée chez les Romains, et elle est encore regardée aujourd'hui comme un mets très-délicat dans quelques parties de l'Italie.

Le lérot des jardins se trouve dans presque toutes les contrées méridionales de l'Europe, et dans la plupart des parties du sud de la Russie, où il se nourrit de racines et de fruits de tous genres. Un grand cercle noir entoure ses yeux ; il a aussi une tache noire derrière chaque oreille, et une touffe à l'extrémité de la queue ; sa tête et son corps sont d'une couleur brunâtre, et son odeur est fort désagréable.

Le lérot du Chili est originaire de cette contrée. Cet animal est plus gros que le rat ordinaire : sa couleur est un blanc terne ; une bande noire traverse ses épaules, et il habite des terriers fort profonds.

Le lérot sans oreilles tire son nom de la petitesse de ces organes, qui ne sont visibles que lorsqu'on examine l'animal de très-près ; il est à peu près de la grosseur de l'écureuil ordinaire ; d'une couleur gris de fer pâle, séparée à chacun de ses côtés par une ligne blanche, qui s'étend depuis l'épaule jusqu'aux parties postérieures : il a aussi une raie blanche au-dessus de chaque œil. Le corps et les pieds de ce petit quadrupède sont d'un blanc sale ; la partie postérieure de ses jambes de derrière est noire et nue : il a une forte protubérance sur les pieds de devant, et ses doigts, qui sont longs et distincts, se terminent par des griffes aiguës. Il est d'un naturel très-doux, et s'apprivoise fort aisément.

Cet animal se trouve dans les parties intérieures de l'Afrique, et à une distance considérable du cap de Bonne-Espérance.

Le lérot à queue dorée est un joli petit animal, originaire de Surinam : il est de couleur marron tirant sur le pourpre ; une ligne d'un jaune doré règne le long de sa face entre ses yeux. La moitié de sa queue est aussi d'une couleur d'or, distinction singulière dont il a reçu son nom.

LE DAMAN DE SYRIE.

« Cet animal, dit M. Bruce, se trouve en Ethiopie, dans le creux des rochers, ou sous de larges pierres sur les montagnes du soleil, derrière le palais de Koscam ; il se rencontre aussi dans d'autres cavernes de différentes contrées de l'Abyssinie.

« Il ne se creuse pas des tanières souterraines ou des terriers, comme le rat et le lapin ; la nature lui a interdit les moyens de le faire, en lui donnant des pieds dont les doigts sont parfaitement ronds et d'une substance très-molle et très-tendre ; la partie charnue de ses doigts se projette au-delà des ongles, qui sont plutôt ronds que pointus ; ses ongles ressemblent beaucoup à ceux d'un homme, mal venus, et ils semblent plutôt lui avoir été

donnés par la Providence pour protéger ses doigts
que pour gratter la terre, opération à laquelle ils
ne sont nullement appropriés.

Il a le pied de derrière long et très-divisé au
milieu par deux sillons ou fentes qui en traversent
parfaitement le centre; aux deux côtés de ce sillon
la chair forme, en s'élevant, une protubérance
considérable; le pied se termine par trois doigts,
dont celui du milieu est plus long : le pied de devant a quatre doigts, c'est-à-dire, trois disposés
dans les mêmes proportions que le pied de derrière, le quatrième est plus long que les autres, et
est placé plus bas en dehors du pied; de sorte que
la naissance de ce doigt n'atteint que l'extrémité
de celui qui l'avoisine. La plante de ce pied est
divisée au centre comme celle de celui de derrière,
par des fentes prolongées jusqu'aux talons qu'elles
partagent presque entièrement; et ce pied de devant est épais et charnu, mais d'un noir foncé et
dépourvu de poil, quoique sa partie supérieure
soit couverte, comme le reste du corps, d'un poil
très-dure, jusqu'à l'endroit où les doigts se divi-
sent; là finit le poil, de sorte que ses longs doigts
ressemblent à ceux d'un homme.

« Ce quadrupède paraît se complaire dans les
endroits très-aérés, à l'entrée des cavernes ou des
fentes des rochers, surtout dans celles où un frag-

ment, s'avançant beaucoup plus que l'autre, présente une retraite sûre, et que les opérations de
l'homme ne peuvent détruire.

Les damans vont par troupe, et l'on en voit
souvent plusieurs douzaines, couchés sur de longues pierres à l'entrée des cavernes, se chauffer
au soleil; il en est même qui sortent entièrement
de leur retraite, pour goûter la fraîcheur des
brises; ils ne se tiennent jamais droits sur leurs
pieds, mais semblent comme s'esquiver de peur.
En marchant, leur ventre touche presque à terre;
ils avancent de quelques pas en se traînant, puis
ils font une pause.

« Leur naturel est timide; ils sont faciles à apprivoiser, mais ils mordent très-serré quand on les
manie sans précaution la première fois qu'on les
touche. »

Les damans-israël, appelés par M. Bruce ash-
kokos, sont très-communs sur le mont Liban.

« J'en ai vu, dit ce voyageur, dans les rochers
du promontoire de Pharan, ou du cap Mahomet
qui sépare le golfe d'Élan du golfe de Suez; ils
paraissent être partout de la même espèce; la
seule différence qu'on y remarque, c'est que ceux
de la montagne du Soleil semblent plus gros et plus
gras que les autres.

« Il m'est impossible de déterminer avec certi-

tude ce qui compose leur nourriture. L'ashkoko
que j'avais, mangeait du pain et de la viande,
mais il ne manifestait jamais un gros appétit;
je m'imagine que, dans l'état de liberté, cet animal se nourrit de graines, de fruits et de racines;
il paraissait avoir de la répugnance à se repaître d'a-
nimaux vivans, et même à leur donner la chasse.

« Sa taille, quand il est assis, est, depuis le bout
du nez jusqu'à l'extrémité de son corps, de dix-
sept pouces un quart; celle de son museau, depuis l'extrémité du nez jusqu'à l'occiput, est de
trois pouces trois huitièmes; la mâchoire supérieure est plus longue que l'inférieure; son nez
s'étend à un demi-pouce au-delà de son menton;
sa bouche, quand il la tient fermée, a un pouce
et demi de profil; la circonférence de son museau,
prise autour de ses deux mâchoires, est de trois
pouces trois huitièmes; celle de la partie supérieure de la tête est de huit pouces cinq huitièmes;
son cou, dont la longueur est d'un pouce et demi
de circonférence, a un pouce et demi de longueur.

« Il semble plutôt disposé à tourner son corps
que son cou; sa circonférence, mesurée derrière
ses jambes de devant, est de neuf pouces trois
quarts, et celle de l'endroit où il est le plus gros,
est de onze pouces trois huitièmes; la longueur
de la jambe de devant, y compris l'ergot, est

de trois pouces un huitième ; celle de la cuisse de
derrière est de trois pouces un huitième, et celle
de la jambe de derrière, jusqu'à l'ergot, est d'un
pouce trois huitièmes ; la longueur du pied de
devant est d'un pouce trois huitièmes ; la longueur
du doigt du milieu est de six lignes, et sa largeur
d'autant.

« La distance qui existe entre l'extrémité du nez
et le premier angle de l'œil, est d'un pouce cinq
huitièmes, et son œil a quatre lignes de longueur
d'un angle à l'autre ; il y a un pouce trois lignes
du premier angle de l'œil à la naissance de l'o-
reille ; et l'ouverture de son œil a deux lignes et
demie ; la lèvre supérieure est garnie de moustaches d'un poil fort dur, long de trois pouces cinq
lignes, le poil de ses sourcils a deux pouces deux
huitièmes de long.

« La couleur de l'animal est d'un gris mêlé de
roux brunâtre, absolument pareil à celui du lapin
de garenne, et il n'a pas de queue ; son ventre est
blanc, depuis l'extrémité de la lèvre inférieure
jusqu'à l'endroit où commencerait sa queue s'il
en avait une ; son corps est parsemé de poils durs
et polis comme ceux de ses moustaches, et d'environ deux pieds et deux pouces un quart de long ;
ses oreilles sont rondes ; je ne lui ai jamais entendu faire le moindre bruit, mais certainement

il rumiue : le désir de connaître en lui cette faculté de ruminer est le motif qui me détermina à le garder en vie.

« Cet animal suit avec beaucoup d'assiduité les personnes auxquelles il est attaché, mais à la moindre apparition d'un être vivant, même d'un oiseau, il fuit et cherche à se cacher : je l'enfermais dans une cage avec un petit poulet, sans lui donner à manger de tout le jour ; le lendemain matin le poulet était entier, quoique l'ashkoko vînt à moi en me laissant voir qu'il avait beaucoup souffert de la faim ; je répétai l'expérience en renfermant avec lui deux petits oiseaux, pendant l'espace de plusieurs semaines ; mais il ne toucha ni à l'un ni à l'autre, quoiqu'ils se nourrissent sans obstacle de ce qu'on leur donnait à manger. Le plus petit, qui était une mésange, semblait commencer à se familiariser avec lui ; et quoique je ne l'aie jamais vu se percher sur ce quadrupède, il mangeait souvent, et en même temps que lui, ce qu'on lui servait, et c'est en quoi consistait principalement la familiarité dont je veux parler, car il ne manifestait aucun changement dans sa conduite en présence de cette mésange ; il la traitait avec une grande indifférence : la cage, à la vérité, était grande ; et comme il y avait un bâton sur lequel ces oiseaux pouvaient se percher, ces animaux ne se gênaient pas les uns les autres.

« C'est en Amhara , continue notre auteur , que cet animal porte la dénomination d'*ashkoko* , nom qui lui vient de la singularité de ses poils , qui , comme de petites épines , sont dispersés sur son dos , et qui, en Amhric, se nomme *askoc*. En Arabie et en Syrie l'ashkoko s'appelle *mouton d'Israël* ou *gannim-Israël* ; j'ignore la raison pour laquelle on le nomme ainsi , mais je m'imagine que c'est parce qu'il est très-commun dans les rochers d'Horeb et de Sinaï , où les enfans d'Israël furent exilés pendant quarante ans ; peut-être encore ce nom ne lui est-il donné que par les Arabes ; je soupçonne aussi qu'il est connu par celui de *Saphan* parmi les Hébreux , et que c'est le même animal que les traducteurs de l'Écriture ont mal à propos appelé *cuniculus* ou lapin. »

LE DAMAN DU CAP.

Cet animal est généralement connu dans ses régions natales sous le nom de *putois des roches* , quoique ses pieds ne soient pas formés pour creuser la terre et pratiquer des terriers , il habite dans les creux et les fentes des rochers , et saute avec une agilité remarquable.

Le daman du Cap est presque de la grosseur

d'un lapin ordinaire, dont il a, à peu près, la couleur; son corps et ses membres sont courts et épais: il a une petite tête, de grands yeux noirs, des oreilles courtes et le nez divisé par une fente; les pieds de devant ont quatre doigts d'une chair tendre et pulpeuse; ils se ferment par des ongles ronds et plats; les pieds de derrière sont d'une pareille structure et n'ont que trois divisions, dont celle du milieu est une griffe crochue; les autres ont des ongles comme ceux des pieds de devant.

Le docteur Pallas a publié, le premier, les formes de cette espèce, mais il en a été donné depuis des dessins plus corrects.

Dans son état sauvage, le daman du cap vit principalement de végétaux, se reposant le jour sur des feuilles et des herbes sèches, et se retirant à l'approche de la nuit, dans le creux des rochers; sa voix est une espèce de cri aigu qu'il répète plusieurs fois dans l'espace de quelques minutes.

On assure que cet animal s'apprivoise facilement, et qu'il témoigne beaucoup d'affection pour son gardien; il est très-propre dans ses habitudes; d'un naturel très-vif et très-enjoué, sautant sans cesse de côté et d'autre avec beaucoup d'agilité: sa nourriture favorite paraît se composer de fruits et de végétaux, quoiqu'il ne refuse pas le pain. On sait fort peu de chose relativement à la fécondité des damans femelles et à la manière d'élever leurs petits.

La variété nommée daman de la baie d'Hudson, du nom de son pays natal, est d'un brun cendré, et a les extrémités blanches : cet animal est à peu près de la grosseur d'une marmotte ; il paraît avoir été décrit, pour la première fois, par M. Pennant, d'après un individu déposé dans le muséum Leverianum.

LA MUSARAIGNE

« La musaraigne, dit M. de Buffon, semble faire une nuance dans l'ordre des petits animaux, et remplir l'intervalle qui se trouve entre le rat et la taupe, qui, se ressemblant par leur petitesse, diffèrent beaucoup par la forme , et sont autant d'espèces très-éloignées. La musaraigne , plus petite encore que la souris, ressemble à la taupe par le museau , ayant le nez beaucoup plus allongé que les mâchoires; par les yeux, qui, quoiqu'un peu plus gros que ceux de la taupe, sont cachés de même, et sont beaucoup plus petits que ceux de la souris ; par le nombre des doigts, dont elle a cinq à tous les pieds; par la queue, par les jambes, surtout par celles de derrière, qu'elle a plus courtes que la souris ; par les oreilles, et enfin par les dents. »

Il est à remarquer que ces dents ont à chaque côté une petite barbe presque imperceptible. L'animal a cinq doigts à chaque pied.

La couleur des musaraignes est en général d'un roux brunâtre ; mais il en est quelques-unes d'un gris cendré ; toutes sont blanches sous le ventre.

Ce petit quadrupède ne parait pas exister en Amérique, mais il est originaire de la plupart des contrées de l'Europe. En Angleterre, il habite principalement dans les étables, les meules de foin et les tas de fumier ; quelquefois on le trouve dans les bois et dans les champs sous les racines des arbres, sous des tas de fagots et dans des amas de feuilles sous lesquelles il pratique un petit terrier : la femelle produit autant de petits à la fois que les souris ; mais elle n'a pas des portées aussi fréquentes.

La musaraigne, ayant la vue très-imparfaite, et la marche fort lente, s'éloigne peu des maisons, de sorte qu'on la prend fort aisément ; elle se nourrit d'insectes, de graines, de racines et de chairs putréfiées quand elle en trouve ; lorsqu'on la chasse ou qu'elle est prise dans un piége, elle pousse un cri plus perçant et plus aigu que la souris. Elle a une odeur forte qui lui est particulière et qui répugne aux chats ; quand ils mangent de sa chair, ils sont sujets à devenir malades : c'est apparemment cette mauvaise odeur et cette répugnance des chats, qui ont fondé le préjugé du venin de cet animal et de sa morsure dangereuse pour le bétail, surtout pour les chevaux ; mais l'observateur le plus superficiel s'apercevra bientôt, en considérant la forme de sa bouche, qu'il n'est pas même capable de mordre, et qu'il n'a pas l'ouverture de la bouche assez grande pour pouvoir saisir la double épaisseur de la peau d'un autre animal. La maladie des chevaux, que le vulgaire attribue à la dent de la musaraigne, n'est qu'une espèce d'enflure qui vient d'une cause interne.

Il est un fait digne de remarque, et très-authentiquement prouvé, c'est qu'il règne vers le mois d'août une mortalité annuelle parmi les musaraignes ; on trouve alors un grand nombre de ces petits quadrupèdes morts dans les champs, dans les bois et sur les chemins, sans que l'on aperçoive aucun signe extérieur de violence sur leur corps.

CHAPITRE X.

LE JAGUAR.

Cet animal féroce et destructeur appartient à l'espèce féline : les Américains lui donnent souvent le nom de tigre, à raison de ce qu'il a beaucoup de ressemblance avec ce quadrupède par ses habitudes.

Il est un peu plus fort de taille que le loup, et lorsqu'il se trouve pressé par la faim, il devient extrêmement redoutable : toujours inquiet, toujours cruel, il se tient en embuscade dans les bois et les buissons, dans l'attente de sa proie, n'épargnant ni les hommes, ni les animaux. Sa manière de se nourrir est barbare et sauvage; il dépèce sa victime avec ses dents et ses griffes, et paraît altéré de sang.

Le fond de la couleur du jaguar est, aux parties supérieures du corps, un fauve pâle, qui est mélangé de longues bandes, de taches noires ou oblongues; il a le sommet de son dos marqué de longues raies noires interrompues, et les côtés, de rangs de taches ouvertes et régulières; les cuisses et les jambes sont pareillement marquées de taches noires, mais sans espaces centrales ; la gorge, la poitrine et le corps inclinent sur le blanc, et la queue, dont la partie supérieure est mouchetée de longues raies noires, n'est pas aussi longue que son corps.

Les jaguars descendent quelquefois de leurs repaires, dans les parcs de moutons, et y commettent des ravages épouvantables, détruisant plus de victimes qu'ils n'en dévorent, emportant quelquefois une brebis entière. Il est une singularité particulière à ces animaux, c'est que, lorsque leur appétit est satisfait, ils semblent perdre leur courage et leur férocité, et qu'ils prennent la fuite devant un chien ordinaire ; le feu ou une lumière quelconque suffit pour les intimider ; ils ne sont actifs et agiles que lorsque la faim les tourmente.

Presque tous les auteurs qui ont écrit sur le Nouveau-Monde font mention du jaguar, les uns sous le nom de tigre ou de léopard, les autres sous la dénomination brésilienne de janouara ; il en est quelques-uns qui l'ont appelé jaguara.

Ce quadrupède se trouve au Paraguay, à la Guiane, au Brésil, au Mexique, au pays des Amazones et dans l'Amérique méridionale. Le Brésil cependant paraît avoir été son pays natal, quoique les jaguars soient devenus plus rares dans ce pays qu'ils ne l'étaient autrefois ; car, la tête de ces animaux, ayant été mise à prix, un grand nombre en a été détruit; les autres, effrayés par l'adresse et la force de l'homme, ont cherché un refuge dans les parties intérieures de cette contrée qui sont les plus désertes.

Bien différent du tigre, le jaguar est susceptible d'être apprivoisé: il se montre sensible aux attentions et aux soins; la prudence exige cependant qu'on ne se fie à lui qu'avec circonspection.

Le jaguarète est un animal qui habite les mêmes régions, et qui possède les mêmes qualités et les mêmes penchans que le jaguar; de sorte que les naturalistes n'ont jamais pu décider si c'étaient deux espèces distinctes du même genre, ou seulement des variétés de la même espèce. Pilon et Marcgrave, qui paraissent avoir été le plus à même de donner une description exacte du jaguarète, disent qu'il a le poil plus court, plus luisant, et marqué de taches d'un noir plus foncé que celui des jaguars, mais que ces animaux ont d'ailleurs la plus parfaite ressemblance entre eux : nous pouvons donc les regarder comme une variété d'une seule et même espèce.

Il est une chose digne de remarque, c'est que le caractère le plus tranchant du tigre, et qui le fait distinguer de tous les autres animaux de l'espèce bigarrée, est le dessin de ses couleurs, qui suit la même direction que ses côtes, en bandes ou raies depuis le sommet du dos jusqu'au bas-ventre : les quadrupèdes de l'espèce du léopard ou de la panthère ont cette différence, que ces bandes sont divisées en mouchetures ou taches sur toute l'habitude du corps, tandis que sur le tigre elles s'étendent sans se briser, et que cet animal n'a pas une seule marque ronde sur toute la peau.

Le jaguarète se trouve plus rarement dans le voisinage et la demeure des hommes que le jaguar; c'est un animal plus timide, plus défiant, et qui donne, pour son séjour, la préférence à ces solitudes où il est moins exposé aux embûches destructives de l'espèce humaine.

Le jaguar, comme nous l'avons déjà dit, ressemble beaucoup à la panthère et au léopard, dont il ne diffère que par les dispositions de ses taches, et parce qu'il a la tête et le cou plutôt rayés que mouchetés. On dit aussi qu'il est un peu plus bas sur ses jambes que le léopard du Sénégal. Le principal caractère distinctif de ces quadrupèdes réside dans leur taille et grosseur : le premier a ordinairement six pieds de longueur, le second quatre, et le troisième trois ou environ. Il paraît cependant, d'après la description de la panthère que possédait M. de Buffon, qu'elle n'avait que trois pieds sept pouces de long; que la peau du léopard en avait à peu près quatre, et que le jaguar, à l'âge de deux ans, était long de deux à trois pieds, et qu'il avait grandi de deux pour parvenir à son entier accroissement.

Nous devons conclure de là, dit Goldsmith, que la taille de ces animaux ne suffit pas pour établir une distinction entre eux, et que ceux qui les ont appelés tous les trois indistinctement léopard et panthère, s'ils n'avaient pas raison, étaient fort excusables.

Les taches qui diversifient la peau de ces quadrupèdes sont si multipliées, et leur taille est tellement inconstante, qu'on éprouve les plus grandes difficultés à distinguer l'espèce : si l'on considère les formes et la diversité des taches, on trouvera beaucoup de variétés dont aucun naturaliste n'a fait l'observation; si l'on veut se déterminer d'après la taille, on trouvera une gradation imperceptible depuis le chat jusqu'au tigre : il serait donc ridicule de faire autant de variétés de ces animaux qu'il y a de différences dans leurs robes et dans leur structure; il suffira de remarquer les distinctions les plus générales, et de laisser le reste à ceux qui se complaisent dans les recherches minutieuses.

M. Bruce a eu en sa possession une femelle de jaguar, qui lui fut envoyée en 1775 : elle paraissait très-jeune, et n'avait que vingt trois pouces de longueur; le fond de sa couleur était un gris sale bigarré de raies; les taches de sa peau étaient d'un fauve bordé de noir; elle avait les oreilles marquées, à l'extérieur, d'une tache blanche.

« M. Sonnini de Manoncourt, dit M. de Buffon, » a fait quelques bonnes observations sur le jaguar « de la Guiane, que je crois devoir publier.

« Le jaguar, dit-il, n'a pas le poil crépé lorsqu'il » est jeune, comme le dit M. de Buffon : j'ai vu » de très-jeunes jaguars qui avaient le poil aussi » lisse que les grands; cette observation m'a été » confirmée par des chasseurs instruits. Quant à la » taille du jaguar, j'ose encore assurer qu'elle est » bien au-dessus de celle que leur donne M. de » Buffon, lorsqu'il dit qu'il est à peine de la taille » d'un dogue ordinaire ou de moyenne race, » quand il a pris son accroissement entier. J'ai vu » deux peaux de jaguar que l'on m'a assuré appar— » tenir à des sujets dont l'un avait près de cinq » pieds de long, depuis le bout du museau jusqu'à » l'origine de la queue, laquelle a deux pieds de » longueur; il y en a de bien plus grands. J'ai vu » moi-même, dans les forêts de la Guiane, des » traces de ces animaux, qui faisaient juger, ainsi » que l'a dit M. de La Condamine, que les tigres » et les animaux que l'on appelle ainsi en Amé-

» rique, ne différaient pas en grandeur de ceux
» de l'Afrique. Je sens même qu'à l'exception
» du vrai tigre (le tigre royal), celui de l'Amérique
» est le plus grand des animaux auxquels on a
» donné cette dénomination, puisque, selon M. de
» Buffon, la panthère, qui est le plus grand de
» ces animaux, n'a que cinq ou six pieds de lon-
» gueur, lorsqu'elle a pris son accroissement en-
» tier, et que bien certainement il existe en Amé-
» rique des quadrupèdes de ce genre qui passent
» de beaucoup cette dimension. La couleur de la
» peau du jaguar varie suivant l'âge; les jeunes
» l'ont d'un fauve très-foncé, presque roux, et
» même brun; cette couleur s'éclaircit à mesure
» que l'animal vieillit.

» Le jaguar n'est pas aussi indolent ni aussi ti-
» mide que quelques voyageurs, et d'après eux
» M. de Buffon, l'ont écrit : il se jette sur tous les
» chiens qu'il rencontre; loin d'en avoir peur, il
» fait beaucoup de dégâts dans les troupeaux. Ceux
» qui habitent dans les déserts de la Guiane sont
» même dangereux pour les hommes. Dans un
» voyage que j'ai fait dans ces grandes forêts,
» nous fûmes tourmentés pendant deux nuits de
» suite par un jaguar, malgré un très-grand feu
» que l'on avait eu soin d'allumer et d'entretenir;
» il rôdait continuellement autour de nous; il nous

» fut impossible de le tirer ; car , dès qu'il se voyait
» coucher en joue , il se glissait d'une manière
» si prompte qu'il disparaissait pour le moment ;
» il revenait ensuite d'un autre côté, et nous te-
» nait ainsi continuellement en alerte : malgré
» notre vigilance , nous ne pûmes jamais venir à
» bout de le tirer ; il continua son manége durant
» deux nuits entières ; la troisième il revint ; mais,
» lassé apparemment de ne pouvoir venir à bout
» de son projet , et voyant d'ailleurs que nous
» avions augmenté le feu , duquel il craignait
» d'approcher de trop près, il nous laissa , en hur-
» lant d'une manière effroyable ; son cri , *hou*,
» *hou*, a quelque chose de plaintif ; il est grave et
» fort comme celui du bœuf.

» Quant au goût de préférence que l'on sup-
» pose au jaguar pour les naturels du pays, plutôt
» que pour les nègres et les blancs , je présume
» que c'est un conte. A Cayenne , j'ai trouvé cette
» opinion établie ; mais j'ai voyagé avec les sau-
» vages dans des endroits où les tigres , d'une
» grandeur démesurée, étaient communs ; jamais
» je n'ai remarqué qu'ils aient une peur bien
» grande de ces animaux ; ils suspendaient ,
» comme nous, leur hamac à des arbres, s'éloi-
» gnaient à une certaine distance de nous , et ne
» prenaient pas la même précaution que nous ,

» d'allumer un grand feu : ils se contentaient d'en
» faire un très-petit, qui, le plus souvent, s'étei-
» gnait dans le cours de la nuit : ces sauvages
» étaient cependant habitans de l'intérieur des
» terres, et connaissaient par conséquent le danger
» qu'il y avait pour eux. J'assure qu'ils ne prenaient
» aucune précaution, et qu'ils paraissaient fort
» peu émus, quoique entourés de ces animaux. »

On voit à la ménagerie royale, à Paris, des jaguars de l'Amérique méridionale.

LE SERVAL.

Ce féroce animal est originaire de l'Inde et du
Thibet ; il porte le nom de *felis serval* dans le
système de Linnée. Buffon l'appelle *serval* ou *chat
des montagnes ;* mais Pennant, qui, dans son Traité
des quadrupèdes, le nomme aussi *serval*, établit
une différence entre lui et le chat des montagnes.
Les naturels du Malabar l'appellent *maraputé* ou
maraputa.

Le serval paraît avoir été, pour la première
fois, qualifié de chat-pard par MM. de l'Académie
française, qui le désignèrent comme mesurant
deux pieds et demi depuis le nez jusqu'à l'insertion de la queue : il avait les formes très-robustes ;

les parties supérieures de son corps étaient d'un
roux couleur de renard, et il avait la gorge, le
ventre et l'intérieur des jambes d'un blanc terne;
son corps était moucheté de noir, et les taches
dont il était marqué sur le côté, le ventre et les
jambes, paraissaient plus rondes et plus nombreuses que celles des autres parties.

M. de Buffon nous donne la description suivante de cet animal, d'après un passage inséré
dans un ouvrage italien, traduit par M. de Montmirail :

« Le maraputé, que les Portugais de l'Inde ap-
» pellent *serval* (dit le père Vincent-Marie), est
» un animal sauvage et féroce, plus gros que le
» chat sauvage, et un peu plus petit que la civette,
» de laquelle il diffère, en ce que la tête est plus
» ronde et plus grosse relativement au volume de
» son corps, et que son front paraît creusé dans
» le milieu; il ressemble à la panthère par les cou-
» leurs du poil, qui est fauve sur la tête, le dos,
» les flancs, et blanc sous le ventre, et aussi par
» les taches qui sont distinctes, également distri-
» buées, et un peu plus petites que celle de la
» panthère; ses yeux sont très-brillans, ses mous-
» taches fournies de soies longues et roides; il a
» la queue courte, les pieds grands et armés d'on-
» gles longs et crochus. On le trouve dans les mon-

» tagnes de l'Inde ; on le voit rarement à terre ;
» il se tient presque toujours sur les arbres où il
» fait son nid, et prend les oiseaux, desquels il
» se nourrit ; il saute aussi légèrement qu'un
» singe, d'un arbre à l'autre, et avec tant d'adresse
» et d'agilité, qu'en un instant il parcourt un
» grand espace, et qu'il ne fait, pour ainsi dire,
» que paraître et disparaître : il est d'un naturel
» féroce ; cependant il fuit à l'aspect de l'homme,
» à moins qu'on ne l'irrite, surtout en dérangeant
» sa bauge, car alors il devient furieux et s'élance,
» mord et déchire à-peu-près comme la panthère.

» La captivité, les bons ou les mauvais traite-
» mens, ajoute M. de Buffon, ne peuvent ni
» éteindre, ni adoucir la férocité de cet animal.
» Celui que nous avons vu à la ménagerie était
» toujours sur le point de s'élancer contre ceux
» qui l'approchaient ; on n'a pu le dessiner ni le
» décrire qu'à travers la grille de sa loge. »

Le serval américain, que le même auteur nomme
chat-tigre, de la Caroline, est originaire de l'amérique septentrionale, et Pennant fait observer qu'il
a les oreilles droites et pointues, marquées de deux
barres brunes transversales.

Les parties supérieures du corps de ce quadrupède, dit-il, sont d'un fond rougeâtre, et son dos
est marqué de longues raies droites ; le dessous

de sa mâchoire inférieure est d'un blanc pure, et sa queue est annelée de noir : il a deux pieds et demi de long : ses mœurs sont fort douces, et il est sujet à prendre beaucoup d'embonpoint.

Le Pline français nous donne la figure d'un autre animal de cette espèce sous le nom de *chat sauvage*, dont nous avons parlé plus haut, et qui a près de quatre pieds de longueur, quand il est parvenu à toute sa croissance : sa couleur générale est un gris cendré, blanchâtre, moucheté de brun et noirâtre : il a les yeux petits et brillans ; le poil dur et grossier ; la queue d'une seule couleur, et plus longue que celle du serval.

M. de Buffon considère en outre ce dernier animal comme une variété du genre ; mais M. Pennant le regarde comme une espèce distincte et particulière.

Ce quadrupède comme tous les animaux de l'espèce féline, habite les montagnes les plus inaccessibles, et les forêts d'une grande étendue, où il trouve sa sûreté dans la vitesse de ses jambes et en grimpant sur des arbres, ce qu'il fait avec une facilité extrême, à raison de la légèreté de son corps, et de la force de ses griffes. Comme cet animal a par excellence le don d'échapper aux poursuites de l'homme, il est nuisible en proportion de la faculté qu'il a de faire le mal.

LE CARACAL.

Le caracal ou syagush ressemble au lynx par son extérieur, et on peut le ranger parmi les animaux redoutables pour l'espèce humaine ; comme le lynx, il a pour caractère distinctif une raie de poil noir, qui se termine par une touffe ou en pinceau à l'extrémité de l'oreille ; mais les disconvenances qui existent entre eux sous d'autres rapports, les ont fait considérer par les naturalistes comme des animaux d'une espèce différente.

Le corps du caracal n'est pas moucheté comme celui du lynx ; son poil aussi est plus rude, plus court, et d'un brun rougeâtre pâle ; sa queue est plus grosse, plus longue, et d'une couleur uniforme ; il a la face plus allongée, et l'aspect plus féroce.

Cet animal paraît habiter particulièrement les climats brûlans de l'ouest, et on le trouve principalement dans les contrées infestées par le lion, la panthère, le tigre et l'once.

Syagush est le nom qui lui est donné par les Perses ; mais les Turcs l'appellent *karrah-kalah*, nom qui, comme celui de syagush, signifie chat à oreilles noires : il y a plusieurs variétés de cet animal. Le caracal de Lybie a les oreilles blanches, terminées par un pinceau noir comme du

jais ; sa queue est aussi d'une couleur blanche et
annelée d'un beau noir ; il a quatre taches noires
à chaque jambe, et excède rarement la grosseur
d'un chat ordinaire.

Le caracal de Nubie a le museau plus court et
la face plus large ; il est tacheté de mouchetures
fauves d'un vif éclatant sur la poitrine, le ventre,
et l'intérieur des cuisses ; il a la croix de mulet sur
le garrot, comme ceux de Barbarie, et ses oreilles
noires sont entremêlées de quelques poils d'une
blancheur éclatante.

Le caracal ordinaire est à peu près de la grosseur du renard, et un peu plus grand, mais il est
extrêmement robuste et courageux ; on l'a vu
attaquer des chiens de la plus forte taille, qu'il a
vaincus en quelques minutes, et mis en pièces.

Comme il est inférieur en force et en grosseur
a beaucoup d'autres animaux carnassiers, il ne
peut pas se procurer aussi facilement qu'eux sa
proie en vie ; mais la nature, par une sorte de
compensation, semble lui avoir appris à suivre à
une certaine distance, le lion et les autres animaux
formidables pour se nourrir des débris de leur
banquet.

On a remarqué comme une chose curieuse que
le caracal se tient toujours éloigné de la panthère,
parce que ce cruel animal ne se relâche jamais de

la férocité de son caractère, et que même après s'être gorgé de nourriture il se jette sur tous les quadrupèdes vivans qui se présentent à sa vue.

On se sert quelquefois du caracal de la même manière que de l'once pour chasser, et il paroît être doué d'une propriété dont cet autre animal est privé, celle de pouvoir se saisir de sa proie en la poursuivant. Il n'est pas encore bien prouvé que cette faculté provienne de ce qu'il possède un meilleur flair et un plus grand degré de vitesse que l'once; les naturalistes nous ont seulement dit que, lorsque cet animal atteint la gazelle ou l'antilope, il saute sur leurs dos, que, s'allongeant jusqu'à leurs épaules, il parvient à leur arracher les yeux, et que de cette manière ces bêtes fauves deviennent facilement la proie des chasseurs.

Un caracal, dit Goldsmith, nous fut envoyé, il y a quelques années, des Indes occidentales; mais il ne put supporter le changement de climat, et il mourut quelque temps après qu'il fut amené à la tour de Londres.

LE COUGUAR.

Ce quadrupède, que l'on peut regarder comme le plus méchant et le plus formidable de tous les

» animaux de l'Amérique, est plus long, mais plus
l levretté que le jaguar; il a une petite tête, une
l longue queue, le poil court et d'un roux fauve en-
l tremêlé de quelques teintes noirâtres, particulière-
r ment sur le dos.

« Il n'est marqué, dit M. de Buffon, ni de bandes
» longues comme le tigre, ni de taches rondes et
» pleines comme le léopard, ni de taches en an-
» neaux ou en roses comme l'once et la panthère;
» il a le menton blanchâtre ainsi que la gorge et
» toutes les parties inférieures du corps; quoique
» plus faible, il est aussi féroce et peut-être plus
» acharné sur sa proie; il la dévore sans la dépe-
» cer; dès qu'il l'a saisie, il l'entame, la suce, la
» mange de suite, et ne la quitte pas qu'il ne soit
» pleinement rassasié.

» Le couguar, par la légèreté de son corps et la
» plus grande longueur de ses jambes, doit mieux
» courir que le jaguar, et grimper aussi plus aisé-
» ment sur les arbres; ils sont tous deux également
» paresseux et poltrons dès qu'ils sont ras-
» sasiés; ils n'attaquent presque jamais les hom-
» mes, à moins qu'ils ne les trouvent endormis.
» Quoiqu'ils ne vivent que de proie, et qu'ils s'a-
» breuvent plus souvent de sang que d'eau, on
» prétend que leur chair est très-bonne à manger :
» Pison dit expressément qu'elle est aussi bonne

» que celle du veau ; d'autres la comparent à celle
» du mouton : j'ai bien de la peine à croire que ce
» soit en effet une viande de bon goût ; j'aime
» mieux m'en rapporter au témoignage de Des-
» marchais, qui dit que ce qu'il y a de mieux dans
» ces animaux, c'est la peau dont on fait des
» housses de cheval, et qu'on est peu friand de
» leur chair, qui d'ordinaire est maigre, et d'un
» fumet peu agréable. »

L'URSON.

PLACÉ par la nature dans les déserts de l'Amérique septentrionale, cet animal existe dans un état d'indépendance absolue, éloigné de l'homme ; il n'avait pas même reçu de nom spécial jusqu'au moment où M. de Buffon lui en a donné un conforme au caractère qui le distingue. Ce quadrupède paraît ressembler au coendou et au porc-épic sous quelques rapports, mais il en diffère sensiblement.

Catesby, Edwards et Ellis ont tous parlé de cet animal, et il est très-probable que la figure et la description que Séba en a données, sous le nom de *porc-épic singulier des Indes orientales*, étaient celles de l'urson, cet auteur ayant souvent donné le nom d'américains à des animaux qui appartenaient à l'Inde.

« L'urson aurait pu, dit M. de Buffon, s'ap-
» peler *le castor épineux ;* il est du même pays,
» de la même grandeur, et à peu près de la même
» forme de corps; il a, comme lui, à l'extrémité de
» chaque mâchoire, deux dents incisives, longues,
» fortes et tranchantes : indépendamment de ses
» piquans, qui sont très-courts et presque cachés
» dans le poil, l'urson a, comme le castor, une
» double fourrure; la première de poils longs et
» doux, et la seconde d'un duvet ou feutre encore
» plus mollet. Dans les jeunes, les piquans sont
» à proportion plus grands, plus apparens, et les
» poils plus courts et plus rares que dans les adultes
» ou les vieux. »

L'urson est un animal très-propre, et paraît éviter les endroits humides, dans la crainte de se mouiller; il forme son habitation sous les racines de gros arbres creux, et se nourrit principalement de l'écorce de genevrier; dans l'hiver, la neige fait sa boisson, mais dans l'été il lape comme le chien.

Les sauvages de l'Amérique se régalent de sa chair, se vêtissent de sa fourrure, et se servent de ses piquans en guise d'épingles et d'aiguilles.

LE TANREC.

Ce petit animal est originaire des Indes orientales, et a quelque ressemblance avec le porc-épic; mais il en diffère suffisamment pour constituer une espèce distincte.

Il paraît qu'il existe deux variétés de ce quadrupède : la première, qui est presque aussi grosse que notre porc-épic, a un long museau et est couverte de piquans; la seconde, que quelques écrivains ont appelée tendrac, est de la grandeur d'un gros rat; elle a le museau et les oreilles plus gros que le tanrec. « Celui-ci, dit M. de Buffon, » est couvert de piquans plus petits, mais aussi » nombreux que ceux du hérisson; le tendrac, au » contraire, n'en a que sur la tête, le cou et le » garrot; le reste de son corps est couvert d'un » poil rude, assez semblable aux soies du cochon.

» Ces petits animaux, qui ont les jambes très-» courtes, ne peuvent marcher que fort lentement; » ils grognent comme les pourceaux, ils se vau-» trent comme eux dans la fange, ils aiment l'eau, » et y séjournent plus long-temps que sur la terre; » on les prend dans les petits canaux d'eau salée, » et dans les lagunes de la mer; ils sont très-» ardens en amour, et multiplient beaucoup; ils » se creusent des terriers, s'y retirent, et s'engour-

» dissent pendant plusieurs mois ; dans cet état de
» torpeur, leur poil tombe, et il renaît après leur
» réveil ; ils sont ordinairement fort gras, et quoi-
» que leur chair soit fade, longue et mollasse,
» les Indiens la trouvent de leur goût, et en sont
» même fort friands. »

LE SURICATE.

Cet animal est un peu plus petit que le lapin, et
a beaucoup de ressemblance, par la couleur, avec
l'ichneumon ; mais son poil est plus grossier, et sa
queue est moins longue ; il a le chanfrein élevé et
proéminent ; sa mâchoire supérieure est pliante et
mobile. Comme l'hyène, cet animal n'a que quatre
doigts à chaque pied. M. Desève a gardé vivant,
pendant plusieurs mois, un suricate ; c'était un joli
animal, très-vif et très-adroit, marchant debout, se
tenant souvent assis, avec le corps très-droit, les
bras pendans, la tête haute, et mouvante sur le cou
comme sur un pivot. Il nourrit d'abord cet animal
avec du lait, parce qu'il était fort jeune ; mais son
goût pour la chair se manifesta bientôt ; il aimait
aussi beaucoup le poisson et les œufs. On l'a vu
tirer avec ses deux pattes réunies des œufs qu'on

venait de mettre dans l'eau pour cuire; ses pattes de devant lui servaient, comme à l'écureuil, pour porter ses alimens à sa gueule; il lapait en buvant comme un chien, et ne buvait pas d'eau, quoique celle qu'on lui servait fût tiède.

Il jouait avec le chat, mais toujours innocemment, et était si bien apprivoisé, qu'il entendait son nom; il allait seul par toute la maison, et revenait dès qu'on l'appelait.

Il avait deux sortes de voix : l'aboiement d'un chien, lorsqu'il s'ennuyait d'être seul ou qu'il entendait un son extraordinaire : et au contraire, lorsqu'il était excité par des caresses ou qu'il voulait témoigner un moment de plaisir, il faisait un bruit aussi fort que celui d'une petite crécelle tournée rapidement.

Il est un fait singulier, c'est que ce suricate paraissait avoir de l'aversion pour certaines gens; que lorsqu'on le prenait, il mordait ou ne mordait pas, suivant l'odeur qu'il recevait de la personne; il y avait des gens qui lui déplaisaient si fort, qu'il cherchait à s'échapper pour les mordre, et que, quand il ne pouvait pas attrapper les ambes, il se jetait sur les souliers et sur les jupons, qu'il déchirait.

Ce petit quadrupède se trouve principalement dans les montagnes d'Afrique, au-delà du cap de

Bonne-Espérance ; il paraît être d'une constitution
fort délicate, et fait pour vivre dans un climat
chaud ; celui que M. Desève garda ne vécut qu'un
hiver, malgré tous les soins qu'il prit à le nourrir
et à le tenir chaudement.

LE CRABIER.

Cet animal, qui tire son nom de l'usage où il est
de se nourrir de crabes, a été comparé par quelques voyageurs au chien et au renard ; d'autres
l'ont regardé comme ayant plus de rapport avec
l'espèce des sarigues ; mais d'après les relations les
plus exactes, on doit le considérer comme une espèce distincte et séparée. M. de Buffon, en parlant
de ces animaux, s'exprime ainsi :

« La longueur du corps entier, depuis le bout
» du nez jusqu'à l'origine de la queue, est d'en-
» viron dix-sept pouces.

« La hauteur du train de devant, de six pouces
» trois lignes, et celle du train de derrière de six
» pouces six lignes.

« La queue, qui est grisâtre, écailleuse et sans
» poil, a quinze pouces et demi de longueur, sur

» dix lignes de grosseur à son commencement;
» elle est très-menue à son extrémité.

» Comme cet animal est fort bas de jambes, il a
» de loin quelque ressemblance avec le chien bas-
» set, la tête même n'est pas fort différente de
» celle du chien, elle n'a que quatre pouces une
» ligne de longueur, depuis le bout du nez jusqu'à
» l'occiput, l'œil n'est pas grand, le bord des pau-
» pières est noir, et au-dessous de l'œil se trouvent
» de longs poils, qui ont jusqu'à quinze lignes de
» longueur, il y en a aussi de semblables à côté
» de la joue vers l'oreille, les moustaches autour
» de la gueule sont noires, et ont jusqu'à dix-sept
» lignes de long; l'ouverture de la gueule est de
» près de deux pouces; la mâchoire supérieure
» est armée, de chaque côté, d'une dent canine
» crochue, et qui excède la mâchoire inférieure;
» l'oreille qui est de couleur brune, paraît tom-
» ber un peu sur elle-même; elle est nue, large
» et ronde à son extrémité; le poil du corps est
» laineux et parsemé d'autres grands poils rai-
» des noirâtres, qui vont en augmentant sur les
» cuisses, et vers l'épine du dos, qui est couverte
» de ces longs poils, ce qui forme à cet animal
» une espèce de crinière depuis le milieu du dos
» jusqu'au commencement de la queue. Ces poils

» ont trois pouces de longueur ; ils sont d'un blanc
» sale à leur origine jusqu'au milieu , et ensuite
» d'un brun minime jusqu'à l'extrémité ; le poil
» des côtés est d'un blanc jaune , ainsi que sous le
» ventre, mais il tire plus sur le fauve vers les
» épaules , les cuisses , le cou , la poitrine et la tête,
» où cette teinte de fauve est mélangée de brun
» dans quelques endroits ; les côtés du cou sont
» fauves , les jambes et les pieds sont d'un brun
» noirâtre ; il a cinq doigts à chaque pied ; le
» pied de devant a un pouce neuf lignes, le plus
» grand doigt, neuf lignes, et l'ongle en gouttière
» deux lignes ; les doigts sont un peu pliés comme
» ceux des rats ; il n'y a que le pouce qui soit droit;
» les pieds de derrière ont un pouce huit lignes ,
» les plus grands doigts neuf lignes, le pouce six
» lignes ; il est gros , large et écarté comme dans
» les singes ; l'ongle en est plat , tandis que les
» ongles des quatre autres doigts sont crochus ,
» et excèdent le bout des doigts ; le pouce du
» pied de devant est droit et n'est point écarté
» de l'autre doigt.

» Le crabier, dit M. Delaborde, à Cayenne, est
» fort leste pour grimper sur les arbres , sur les-
» quels il se tient plus souvent qu'à terre, surtout
» pendant le jour ; il a de bonnes dents, et se défend
» contre les chiens ; les crabes sont sa principale

15.

» nourriture, et lui profitent, car il est toujours
» gras; quand il ne peut pas tirer les crabes de leur
» trou avec sa patte, il y introduit sa queue, dont
» il se sert comme d'un crochet; le crabe, qui lui
» serre quelquefois la queue, le fait crier; ce cri
» ressemble assez à celui d'un homme, et s'en-
» tend de fort loin, mais sa voix ordinaire est une
» espèce de grognement semblable à celui des pe-
» tits cochons. Il produit quatre ou cinq petits, et
» les dépose dans de vieux troncs d'arbres creux;
» les naturels du pays en mangent la chair, qui a
» quelque rapport à celle du lièvre. Au reste, ces
» animaux se familiarisent aisément, et on les
» nourrit à la maison comme les chiens et les chats,
» c'est-à-dire avec toutes sortes d'alimens; ainsi
» leur goût pour la chair de crabes n'est pas un
» goût exclusif. »

On prétend qu'il se trouve à Cayenne deux espèces d'animaux auxquels on donne le même nom
de *crabier*, parce que tous deux mangent des
crabes. Le premier est celui dont nous venons de
parler; l'autre est non-seulement d'une espèce différente, mais paraît même être d'un autre genre;
il a la queue toute garnie de poil, et ne prend les
crabes qu'avec ses pattes.

Les naturels du pays mangent la chair de ces
quadrupèdes qui, dit-on, a le goût de celle du
lièvre.

LE COATI MONDI.

Cet animal a quelque ressemblance avec l'ours,
par la longueur de ses jambes de derrière, la structure de ses griffes, la forme de ses pieds et l'épaisseur de sa fourrure ; il a la queue longue et annelée comme celle du raton ; sa mâchoire supérieure
est plus large que la mâchoire inférieure, et très-
flexible ; il a les yeux petits, les oreilles courtes
et rondes ; son poil est doux, luisant et d'un bai
fauve vif sur toute l'habitude du corps, si ce n'est
sur la poitrine, où il tire sur le blanc.

Linnée donne la description de l'un de ces animaux, qu'il garda fort long-temps, dans l'espoir
de l'apprivoiser, sans pouvoir y réussir.

Il était d'un naturel très-obstiné et très-capri-
cieux, et commettait de fréquens dégâts dans la
basse-cour, arrachait la tête des poulets et en su-
çait le sang. Ce coati mondi, malgré sa petitesse,
se distinguait par une force extraordinaire lorsqu'on le faisait marcher malgré lui, et il se cram-
ponnait contre les jambes des personnes dont il
allait familièrement ravager les poches, et confis-
quer ce qu'il trouvait à sa bienséance ; mais comme
cet animal craint extrêmement les soies de cochon, la moindre brosse lui faisait quitter prise.
Son genre de vie était assez extraordinaire ; il dor-

mait depuis minuit jusqu'à midi, veillait le reste du jour, et se promenait régulièrement depuis six heures du soir jusqu'à minuit, quelque temps qu'il fît.

Ce quadrupède se tient avec beaucoup de dextérité sur ses jambes de derrière, et est sujet à manger sa queue, qu'il porte ordinairement droite et fléchit en tous sens avec facilité.

« Ce goût singulier, dit M. de Buffon, et qui
» paraît contre nature, n'est cependant pas particu-
» lier au coati ; les singes, les makis et quelques
» autres animaux à queue longue, rongent le bout
» de leur queue, en mangent la chair et les ver-
» tèbres, et la raccourcissent peu à peu d'un quart
» ou d'un tiers. On peut tirer de là une induction
» générale ; c'est que dans les parties très-allon-
» gées, et dont les extrémités sont par conséquent
» très-éloignées des sens et du centre du senti-
» ment, ce même sentiment est faible, et d'autant
» plus faible, que la distance est plus grande et la
» partie plus menue : car si l'extrémité de la queue
» de ces animaux était une partie fort sensible, la
» sensation de la douleur serait plus forte que
» celle de cet appétit, et ils conserveraient leur
» queue avec autant de soin que les autres parties
» de leur corps. »

Le coati mondi est un animal de proie qui se

nourrit de chair et de sang, qui, comme le renard ou la fouine, égorge les petits animaux, les volailles, mange les œufs, et cherche les nids des oiseaux. C'est probablement à raison de cette conformité de naturel, plutôt que par rapport à aucun caractère extérieur de ressemblance, qu'on a regardé le coati comme une espèce de renard.

On le trouve principalement au Brésil et à la Guiane.

CHAPITRE XI.

LE LAMA.

C'est un fait digne de remarque que, quoique les animaux de cette espèce soient amenés à l'état de domesticité, au Pérou, au Chili et au Mexique, comme les chevaux parmi nous, et les chameaux dans l'Arabie, nous les connaissons fort peu ; on a prétendu, à la vérité, qu'il était impossible de les transporter en Europe, ni même de les éloigner des montagnes où ils ont pris naissance, sans s'exposer à les faire périr en très-peu de temps ; mais à raison de ce que les Espagnols sont en possession depuis si long-temps du pays natal de ces animaux, et de ce qu'il a résidé à Lima, à Quitto et dans différentes autres villes de ce pays, des personnages très-instruits, il leur eût été facile de les faire dessiner, de les décrire et de les disséquer. Acosta et Grégoire de Balivar ont pris la peine de recueillir quelques faits relatifs au naturel du lama, et aux avantages que l'on en retire ; mais ils ont gardé le plus profond silence sur la conformation intérieure de ce quadrupède, sur la durée de la gestation de sa femelle, et sur mille autres particularités intéressantes.

Le lama, d'après les descriptions les plus fidèles, a environ quatre pieds de hauteur, et ne diffère du chameau que parce qu'il n'a pas de bosse ; sa tête est petite et bien proportionnée ; il a de grands yeux ; le nez long ; sa lèvre supérieure est fendue, et l'inférieure pendante ; elles sont très-épaisses ; la longueur de ses oreilles est de quatre pouces ; et la queue, qui n'a jamais guère plus de huit pouces de long, est droite et petite ; son dos, sa croupe et sa queue sont couverts d'un poil court, qui devient plus long sur les côtés que sur le ventre. En général, sa couleur est une espèce de brun mélangé, quoiqu'il y ait quelques variétés blanches de cet animal, et d'autres parfaitement noires. Les pieds du lama sont fourchus comme ceux du bœuf, mais ils sont surmontés en arrière d'une espèce d'éperon qui met l'animal à même de se soutenir dans des descentes rapides et dans des chemins difficiles.

La femelle produit rarement à la fois plus d'un petit, qui la suit aussitôt après sa naissance. La chair des jeunes lamas est regardée comme un mets délicieux, mais celle des vieux est coriace et insipide ; les Espagnols emploient leur peau à la fabrication des harnois de toutes espèces, et les Indiens en font leurs chaussures.

« Ces animaux si utiles , et même si nécessaires
» dans le pays qu'ils habitent, dit M. de Buffon ,
» ne coûtent ni entretien ni nourriture. Comme
» ils ont les pieds fourchus , il n'est pas néces-
» saire de les ferrer ; la laine épaisse dont ils
» sont couverts dispense de les bâter ; ils n'ont
» besoin ni de grains , ni d'avoine , ni de foins,
» l'herbe verte qu'ils broutent eux-mêmes leur
» suffit, et ils n'en prennent qu'une petite quan-
» tité ; ils sont encore plus sobres sur la boisson ,
» ils s'abreuvent de leur salive , qui , dans cet
» animal , est plus abondante que dans aucun autre. »

Le Pérou , selon Grégoire de Balivar , est le pays
natale, la vraie patrie de ces quadrupèdes , depuis
Potosi jusqu'à Caracas. Ces animaux sont en très-
grand nombre , ils font seuls toute la richesse des
Indiens , et contribuent beaucoup à celle des
Espagnols : leur poil est une laine fine d'un
excellent usage ; et pendant toute leur vie ils
servent constamment à transporter les denrées du
pays ; leur charge ordinaire est de cent cinquante
livres , leur marche est grave et ferme , leur pas
assuré : ils descendent des ravines précipitées ,
surmontent des rochers escarpés où les hommes
mêmes ne peuvent pas les accompagner. Ils marchent pour l'ordinaire assez lentement et ne font
que quatre ou cinq lieues par journée , après quoi

Ils prennent d'eux-mêmes un séjour de vingt-quatre ou trente heures avant de se mettre en marche. On les occupe beaucoup à transporter de riches matières que l'on tire des mines de Potosi : Balivar assure que de son temps on employait au travail 3oo,ooo de ces animaux.

« Leur accroissement, pour nous servir des ex-
» pressions de M. de Buffon, est assez prompt, et
» leur vie n'est pas bien longue. Ils sont en état
» de produire à trois ans, en pleine vigueur jus-
» qu'à douze, et ils commencent ensuite à dépérir,
» de sorte qu'à quinze ils sont entièrement usés.
» Leur naturel paraît être modelé sur celui des
» Américains; ils sont doux et flegmatiques, et
» font tout avec poids et mesure. Lorsqu'ils voya-
» gent et qu'ils veulent s'arrêter pour quelques
» instant, ils plient les genoux avec la plus grande
» précaution, et baissent le corps en proportion,
» afin d'empêcher leur charge de tomber ou de
» se déranger; et dès qu'ils entendent le coup de
» sifflet de leur conducteur, ils se relèvent avec
» les mêmes précautions et se remettent en mar-
» che; ils broutent chemin faisant, et partout où
» ils trouvent de l'herbe ; mais jamais ils ne man-
» gent la nuit, quand même ils auraient jeûné
» pendant le jour; ils emploient ce temps à ru-
» miner : ils dorment appuyés sur la poitrine, les

» pieds repliés sous le ventre, et ruminent aussi
» dans cette situation. Lorsqu'on les excède de tra-
» vail, et qu'ils succombent une fois sous le faix,
» il n'y a nul moyen de les faire relever; on les
» frappe inutilement, ils s'obstinent à demeurer
» au même lieu où ils sont tombés; et si l'on con-
» tinue à les maltraiter, ils se désespèrent, et se
» tuent en battant la terre à droite et à gauche avec
» leur tête. Ils ne se défendent ni des pieds, ni
» des dents, et n'ont pour ainsi dire d'autres ar-
» mes que celles de l'indignation : ils crachent à
» la face de ceux qui les insultent, et l'on prétend
» que cette salive, qu'ils lancent dans la colère,
» est âcre et mordicante, au point de faire lever
» des ampoules sur la peau. »

Lorsque ces quadrupèdes aperçoivent une personne, ils la regardent avec étonnement, sans
marquer d'abord ni crainte ni plaisir, ensuite ils
soufflent des narines, et hennissent à peu près
comme les chevaux, enfin, ils prennent la fuite
tous ensemble vers le sommet des montagnes.

» On chasse ces lamas sauvages, dit M. de Buf-
» fon, pour en avoir la toison. Les chiens ont
» beaucoup de peine à les suivre, et si on leur
» donne le temps de gagner leurs rochers, le chas-
» seur et les chiens sont contraints de les aban-
» donner. Ils paraissent craindre la pesanteur de

» l'air autant que la chaleur, on ne les trouve ja-
» mais dans les terres basses, et comme la chaîne
» des Cordilières, qui est élevée de plus de trois
» mille toises au-dessus du niveau de la mer, au
» Pérou, se soutient à peu près à cette même élé-
» vation au Chili et jusqu'aux terres Magellani-
» ques, on y trouve des huanacus ou lamas sau-
» vages en grand nombre, au lieu que du côté de
» la nouvelle Espagne, où cette chaîne de mon-
» tagnes se rabaisse considérablement, on n'en
» trouve plus, et l'on n'y voit que les lamas domes-
» tiques que l'on prend la peine d'y conduire.

« Quoiqu'on prétende qu'ils périssent lorsqu'on
» les éloigne de leur pays natal, il est pourtant
» certain que, dans les premiers temps après la
» conquête du Pérou, et même encore long-temps
» après, l'on a transporté quelques lamas en Eu-
» rope. L'animal dont Gessner parle, sous le nom
» d'allocamelus, et dont il donne la figure, est
» un lama qui fut amené vivant du Pérou en Hol-
» lande, en 1558; c'est le même dont Matthiole
» fait mention sous le nom d'elaphocamelus, et
» la description qu'il en donne est faite avec soin.
» On a transporté plus d'une fois des vigognes et
» peut-être aussi des lamas en Espagne, pour tâ-
» cher de les y naturaliser; on devrait donc être
» mieux instruit qu'on ne l'est sur la nature de

» ces animaux, qui pourraient nous devenir utiles,
» car il est probable qu'ils réussiraient aussi bien
» sur nos Pyrénées et sur nos Alpes que sur les
» Cordilières. »

LE LAMENTIN.

Cet animal peut être indifféremment appelé
le dernier des quadrupèdes ou le premier des
poissons. « Il retient des premiers, dit M. de Buf-
» fon, deux pieds ou plutôt deux mains; mais les
» jambes de derrière, qui, dans les phoques et les
» morses, sont presque entièrement engagées dans
» le corps et racourcies autant qu'il est possible,
» se trouvent absolument nulles et oblitérées dans
» le lamentin; au lieu de deux pieds courts et
» d'une queue étroite encore plus courte, que les
» morses portent à leur arrière dans une direction
» horizontale, les lamentins n'ont pour tout cela
» qu'une grosse queue, qui s'élargit en éventail
» dans cette même direction, en sorte qu'au pre-
» mier coup-d'œil il semblerait que les premiers
» auraient une queue divisée en trois, et que dans
» les derniers ces trois parties se seraient réunies
» pour n'en former qu'une seule; mais, par une
» inspection plus attentive, et surtout par la dis-

» section, l'on voit qu'il ne s'est point fait de
» réunion, qu'il n'y a nul vestige des os des cuisses
» et des jambes, et que ceux qui forment la queue
» des lamentins sont de simples vertèbres isolées
» et semblables à celles des cétacées qui n'ont
» point de pieds, ainsi ces animaux sont cétacées
» par ces parties de l'arrière de leur corps, et ne
» tiennent plus aux quadrupèdes que par les deux
» pieds ou les deux mains qui sont en avant à côté
» de leur proitrine. »

Oviédo, le premier auteur, suivant toutes les apparences, qui ait donné la description de cet amphibie, dit que c'est un gros animal d'une figure informe, qui a la tête plus grosse que celle d'un bœuf, les yeux petits, deux pieds ou deux mains près de la tête, qui lui servent à nager ; il n'a pas d'écailles, mais il est couvert d'une peau ou plutôt d'un cuir épais; sa chair est excellente, et quand elle est fraîche on la mange plutôt comme du bœuf que comme du poisson; quand elle est découpée, séchée, et marinée, elle prend avec le temps le goût de la chair du thon, et elle est encore meilleure ; la femelle a deux mamelles sur sa poitrine, et elle produit ordinairement deux petits, qu'elle allaite.

« Clusius dit avoir vu et mesuré la peau d'un
» de ces animaux, et l'avoir trouvée de seize pieds

» et demi de longueur, et de sept pieds et demi
» de largeur ; les deux pieds ou les deux mains
» étaient fort larges, avec des ongles courts. Go-
» mara assure qu'il s'en trouve quelquefois qui ont
» vingt pieds de longueur, et il ajoute que ces ani-
» maux fréquentent aussi bien les eaux des fleuves
» que celles de la mer ; il raconte qu'on en avait
» élevé et nourri un jeune dans un lac, à Saint-Do-
» mingue, pendant vingt-six ans ; qu'il était si
» doux et si privé, qu'il prenait doucement la
» nourriture qu'on lui présentait ; qu'il entendait
» son nom ; et que quand on l'appelait, il sortait
» de l'eau et se traînait en rampant jusqu'à la mai-
» son pour y recevoir sa nourriture, qu'il sem-
» blait se plaire à entendre la voix humaine et le
» chant des enfans ; qu'il n'en avait nulle peur ;
» qu'il les laissait asseoir sur son dos, et qu'il les
» passait du bord d'un lac à l'autre, sans se plon-
» ger dans l'eau et sans leur faire aucun mal.

« Binet dit que le lamentin est gros comme un
» bœuf, tout rond comme un tonneau, qu'il a une
» petite tête, et peu de queue ; que sa peau est rude
» et épaisse comme celle d'un éléphant, qu'il y en
» a de si gros qu'on en tire plus de six cents livres
» de viande bonne à manger, que sa graisse est
» aussi douce que le beurre, que cet animal se
» plaît dans les rivières proche de leur embou-

» chure à la mer , pour y brouter l'herbe qui croît
» le long des rivages ; qu'il y a de certains endroits,
» à dix ou douze lieues de Cayenne , où l'on en
» trouve en si grand nombre , que l'on peut dans
» un jour en remplir une longue barque , pourvu
» qu'on ait des gens qui se servent bien du har-
» pon. »

Le père Dutertre , qui décrit au long la chasse
ou la pêche du lamentin , s'accorde presque en
tout avec les auteurs que nous venons de citer ;
cependant il dit que cet animal n'a que quatre
doigts et que quatre ongles à chaque main , et il
ajoute : « qu'il se nourrit d'une petite herbe qui
» croît dans la mer ; qu'il la broute comme le bœuf
» fait celle des prés , et qu'après s'être rempli de
» cette pâture , il cherche les rivières et les eaux
» douces , où il s'abreuve deux fois par jour ; qu'a-
» près avoir bien bu et mangé il s'endort , le
» mufle à demi hors de l'eau ; ce qui le fait re-
» marquer de loin. »

« On trouve, dit M. de Buffon, dans le Voyage aux
» îles de l'Amérique (Paris , 1722) , une assez bonne
» description du lamentin , et de la manière dont
» on le harponne ; l'auteur est d'accord sur tous
» les faits principaux avec ceux que nous avons
» cités ; mais il observe que cet animal est devenu
» assez rare aux Antilles , depuis que les bords de

» la mer sont habités; celui qu'il vit et qu'il me-
» sura, avait quatorze pieds neuf pouces depuis le
» bout du mufle jusqu'à la naissance de la queue;
» il était tout rond jusqu'à cet endroit; sa tête était
» grosse, sa gueule large avec de grandes babines
» et quelques poils longs et rudes au-dessus; ses
» yeux étaient très-petits par rapport à sa tête, et
» ses oreilles ne paraissaient que comme deux pe-
» tits trous; le cou est fort gros et fort court, et
» sans un petit mouvement, qui le fait un peu
» plier, il ne serait pas possible de distinguer la tête
» du reste du corps.

» Le corps avait huit pieds deux pouces de cir-
» conférence; la queue était comme une large
» palette de dix-neuf pouces de long et de quinze
» dans sa plus grande largeur, et l'épaisseur à
» l'extrémité était d'environ trois pouces; la peau
» était épaisse sur le dos presque comme un double
» cuir de bœuf, mais elle est beaucoup plus mince
» sous le ventre; elle est d'une couleur d'ardoise
» brune, d'un gros grain et rude, avec des poils
» de même couleur, clair-semés, gros, et assez
» longs. Ce lamentin pesait environ huit cents li-
» vres; on avait pris le petit avec la mère, il avait
» environ trois pieds de long; on fit rôtir à la
» broche le côté de la queue, on trouva cette chair
» aussi bonne, aussi délicate que du veau. »

Le père Gulima rapporte qu'il y a une infinité de lamentins dans les grands lacs de l'Orénoque. « Ces animaux, dit-il, pèsent chacun depuis cinq » cents jusqu'à sept cent cinquante livres ; ils se » nourrissent d'herbes ; ils ont les yeux fort pe- » tits, le trou des oreilles encore plus petit ; ils » viennent paître sur le rivage lorsque la rivière » est basse. La femelle met toujours bas deux pe- » tits ; elle les porte à sa mamelle avec ses bras, » et les serre si fort qu'ils ne s'en séparent jamais, » quelques mouvemens qu'elle fasse ; les petits, » lorsqu'ils viennent de naître, ne laissent pas de » peser chacun trente livres ; le lait qu'ils têtent » est très-épais. Ces animaux, lorsqu'il doit pleu- » voir, bondissent hors de l'eau à une hauteur » assez considérable. »

« L'espèce des lamentins, dit M. de Buffon, » n'est pas confinée aux mers et aux fleuves du » Nouveau-Monde ; elle existe aussi sur les côtes » et dans les rivières de l'Afrique. M. Adanson a » vu des lamentins au Sénégal ; il en a rapporté » une tête, qu'il nous a donnée, et en même temps » il a bien voulu me communiquer la description » de cet animal, qu'il a faite sur les lieux, et je crois » devoir la rapporter en entier :

» J'ai vu beaucoup de ces animaux, dit M. Adan-

» son ; les plus grands n'avaient que huit pieds de
» longueur, et pesaient environ huit cents livres.
» Une femelle de cinq pieds trois pouces de long
» ne pesait que cent quatre-vingt-quatorze livres ;
» leur couleur est cendrée-noire ; les poils sont très-
» rares sur tout le corps ; ils sont en forme de soies
» longues de neuf lignes ; la tête est conique, et
» d'une grosseur médiocre relativement au volume
» du corps ; les yeux sont ronds et très-petits :
» l'iris est d'un bleu foncé et la prunelle noire ;
» le museau est presque cylindrique ; les deux
» mâchoires sont à peu près également larges ; les
» lèvres sont charnues et fort épaisses ; il n'y a que
» des dents molaires, tant à la mâchoire d'en haut
» qu'à celle d'en bas ; la langue est de forme ovale
» et attachée presque à son extrémité à la mâchoire
» inférieure. Il est singulier, continue M. Adan-
» son, que presque tous les auteurs ou voyageurs
» aient donné des oreilles à cet animal; je n'ai pu
» en trouver dans aucun, pas même un trou assez
» fin pour pouvoir y introduire un stylet. Il a deux
» bras ou nageoires, placés à l'origine de la tête,
» qui n'est distinguée du tronc par aucune espèce
» de cou, ni par des épaules sensibles ; ces bras
» sont à peu près cylindriques, composés de trois
» articulations principales, dont l'antérieure forme

» une espèce de main aplatie , dans laquelle les
» doigts ne se distinguent que par quatre ongles
» d'un rouge brun et luisant ; la queue est hori-
» zontale comme celle des baleines , et elle a la
» forme d'une pelle à four. Les femelles ont deux
» mamelles, plus elliptiques que rondes , placées
» près de l'aisselle des bras ; la peau est un cuir
» épais de six lignes sous le ventre , de neuf lignes
» sur le dos, et d'un pouce et demi sur la tête : la
» graisse est blanche et épaisse de deux ou trois
» pouces ; la chair est d'un rouge pâle , plus pâle
» et plus délicate que le veau. »

Pour prendre le lamentin , on tâche de s'en
approcher sur une nacelle ou un radeau , et
on lui lance une grosse flèche attachée à un
très-long cordeau ; dès qu'il se sent frappé ,
il s'enfuit et emporte avec lui la flèche et
le cordeau , à l'extrémité duquel on a soin
d'attacher un gros morceau de liège ou de bois
léger pour servir de renseignement.

Quelques écrivains ont prétendu que la
femelle produit à la fois deux petits , qui la
suivent partout, et que lorsque la mère est prise,
ils deviennent une proie facile , attendu qu'ils
ne la quittent jamais morte ou vive. D'autres
néanmoins assurent que cette espèce d'animaux

ne donne jamais qu'un petit, et cette assertion paraît la plus probable à raison de l'analogie du lamentin avec les autres gros quadrupèdes ou cétacées.

FIN DU TOME SECOND.

TABLE DU TOME SECOND.

www.ingramcontent.com/pod-product-compliance
Lightning Source LLC
LaVergne TN
LVHW020614180726
843502LV00002B/468